Sonderabdruck aus

„Zeitschrift für Hygiene und Infektionskrankheiten"

134. Band (1952)

Springer-Verlag Berlin Heidelberg GmbH

Referent: Prof. Dr. H. SCHLOSSBERGER
Korreferent: Prof. Dr. C. MONTFORT
Tag der mündlichen Prüfung: 17. Dezember 1951

Aus dem Hygienischen Institut der Stadt und Universität Frankfurt a. M.
(Direktor: Prof. Dr. H. SCHLOSSBERGER).

Zur Differenzierung der Bakterien der Alkaligenes-Gruppe.

1. Mitteilung.

Morphologie und Physiologie.

Von

LISELOTTE TÜRCK.

(Eingegangen am 28. September 1951.)

ISBN 978-3-662-22727-5   ISBN 978-3-662-24656-6 (eBook)
DOI 10.1007/978-3-662-24656-6

A. Literaturübersicht.

Bacterium faecale alcaligenes wurde 1889 von PETRUSCHKY entdeckt. Er züchtete das lebhaft bewegliche, kurze Stäbchen aus schlecht schmekkendem Bier und beobachtete, daß es Lackmusmolke bläute. Erst 1896 erfolgte vom gleichen Autor eine genauere Beschreibung. Er hatte inzwischen das Bacterium oft in Stühlen typhusverdächtiger Kranker gefunden, meist sogar reichlicher als den Typhusbacillus selbst. Um Fehler in der Bestimmung der Typhusbacillen zu vermeiden, stellte PETRUSCHKY folgende gemeinsame Eigenschaften der beiden Arten fest:

Lebhafte Beweglichkeit, peritriche Begeißelung, negative Gramfärbung, gleiche Kolonieformen auf Gelatine, keine Milchgerinnung, keine Gasbildung in Zuckernährböden und keine Indolbildung.

Als sichere Unterscheidungsmerkmale gab er an:

1. Das verschiedenartige Verhalten in Lackmusmolke: Der Alkaligenes-Bacillus trübt die Lackmusmolke und macht sie in spätestens 48 Std alkalisch, während der Typhus-Bacillus sie klar läßt und leicht rötet.

2. Die Immunitätsreaktion nach PFEIFFER. Der Alkaligenes-Bacillus reagiert nicht mit Typhus-Immunserum.

GAETHGENS fügte 1907 nach zwei andere wichtige Eigenschaften der Alkaligenes-Bacillen hinzu, nämlich ihr absolutes Sauerstoffbedürfnis und die Gelbfärbung der Milch nach 8 Tagen.

Die Frage der Differentialdiagnose gegen Typhus war damals ein wichtiges Problem, zu dem zahlreiche Forscher Beiträge lieferten. 1904/05 behaupteten ALTSCHÜLER und DOEBERT, daß es gelungen sei, Typhusbacillen in Alkaligenesbacillen umzuwandeln und umgekehrt. Andere Forscher konnten aber später nachweisen, daß ALTSCHÜLER und DOEBERT mit unreinen Kulturen gearbeitet hatten.

Am häufigsten werden die Alkaligenesbacillen aus Faeces isoliert und zwar finden sie sich zu etwa 80% bei Darmkranken und nur zu 20% bei Gesunden. Zahlreiche Forscher geben auch Blut und Urin als Fundort an. Vibrionenähnliche Formen wurden oft aus Stühlen Darmkranker oder aus verunreinigtem Wasser isoliert.

Die *ätiologische Bedeutung* der Alkaligenesbacillen war lange Zeit umstritten. Es wurden zahlreiche Krankheitsbeschreibungen veröffentlicht, bei denen nur Alkaligenesbacillen isoliert werden konnten. An erster Stelle stehen hier Krankheiten wie Diarrhoe, Brechdurchfall, typhus- oder choleraähnliche Erscheinungen. Als alleinige Erreger wurden Alkaligenesbacillen auch bei Pyelitis, Cystitis, Cholecystitis, Osteomyelitis, Peritonitis und bei Septikämien gefunden.

Auffallend ist, daß die Alkaligenesbacillen bei Typhus- und Choleraepidemien immer vermehrt in Erscheinung traten.

Viele Autoren vertreten den Standpunkt, daß in den von ihnen untersuchten Fällen das Bacterium faecale alcaligenes als Ursache der Erkrankung anzusehen ist. STRECKER sowie BITTER und GUNDEL versuchten durch Trinken von flüssigen Alkaligenes-Kulturen an sich selbst die Pathogenität des Bacteriums zu zeigen, jedoch ohne Erfolg. Andere Forscher wollen in der starken Agglutinierbarkeit der Alkaligenesbacillen durch das Patientenserum einen Beweis für die krankmachende Wirkung dieser Bazillen sehen.

Aus Tierversuchen ergab sich, daß eine intraperitoneale Verimpfung der Alkaligenesbacillen auf Meerschweinchen als feinster Indicator für die *Virulenz* der Bakterien anzusehen ist. LINDEMANN stellte fest, daß Alkaligenesbakterien gesunder Menschen für Meerschweinchen apathogen waren, daß die Tiere aber nach Injektion von Alkaligenesstämmen kranker Menschen eingingen.

Nach den Literaturangaben gehören demnach zur Alkaligenes-Gruppe pathogene und apathogene Typen, die bisher nur durch den Tierversuch unterschieden werden konnten.

Über die *Morphologie* des Bacteriums herrscht keine einheitliche Auffassung. Die einen fanden ein schlankes, die anderen ein kurzes, dickes Stäbchen. BAERTHLEIN beschrieb 1912 vibrionenähnliche Formen, die später von anderen ebenfalls beobachtet wurden, so daß LEHMANN und NEUMANN 1927 den Bacillus als ,,Vibrio alcaligenes PETRUSCHKY" bezeichneten. Neben der von PETRUSCHKY ursprünglich beschriebenen peritrichen Begeißelung werden oft auch monotriche und lophotriche Begeißelung angegeben. Charakteristische Merkmale für die Alkaligenesbacillen sind neben den bereits erwähnten, von PETRUSCHKY beschriebenen Eigenschaften: Häutchenbildung auf Nährbouillon, typhusähnliches Wachstum auf ENDO-Agar, choleraähnliches Wachstum auf DIEUDONNÉ-Agar, keine Hämolyse auf Blut-Agar. BAERTHLEIN[1], FELSENREICH und TRAWIŃSKI sowie KRAUS und KLAFTEN beobachteten das Auftreten zweier verschiedener Kolonietypen auf Nähragar.

Schwefelwasserstoff-Bildung und Nitratreduktion werden unterschiedlich beschrieben.

Die *serologischen Eigenschaften* der Alkaligenesbacillen zeigten meist nur geringe verwandtschaftliche Beziehungen und gaben so frühzeitig

Veranlassung, die Existenz einer Alkaligenes-Gruppe anzunehmen. TRAWIŃSKI und GYÖRGY teilten mit 2 Seren 100 Alkaligenes-Stämme (von darmkranken Soldaten eines Ortes) ein, die auffallenderweise sowohl serologisch als auch in den Kolonietypen übereinstimmten. Eine serologische Verwandschaft der Alkaligenesbacillen mit anderen Darmbewohnern wurde oft angenommen, konnte aber nie überzeugend bewiesen werden.

Die *systematische Einstufung* der Alkaligenesbacillen ist bis heute noch nicht geklärt. Früher wurden sie bei Fluorescenz-, Typhus-, Ruhr- und Colibacillen eingereiht. RAHN (1937) sowie TOPLEY und WILSON (1946) stellten sie in eine besondere Familie mit nicht näher klassifizierbaren Gattungen. In BERGEY's Manual 1948 gehören sie zur Familie der Achromobacteriaceae.

B. Morphologie.
1. Isolierung und Züchtung der Stämme.

Um über die verwandschaftlichen Verhältnisse einer Bakteriengruppe etwas Näheres aussagen zu können, ist es notwendig, möglichst viele zu dieser Gruppe gehörende Stämme verschiedener Herkunft genau zu untersuchen.

Aus zahlreichen zur Untersuchung in das Hygienische Institut Frankfurt a. M. eingesandten Faecesproben isolierte ich 29 Alkaligenes-Stämme. Die Gesamtzahl der innerhalb eines halben Jahres im Institut untersuchten Stühle betrug 7581, davon waren 336 positive Fälle der Typhus-Paratyphus-Enteritis-Gruppe. Im Verhältnis dazu ist die von mir gefundene Zahl von 29 Alkaligenes-Stämmen gering. Ihr Vorkommen scheint demnach nicht so häufig zu sein, wie oft angenommen wird.

Außerdem fand ich 10 Alkaligenes-Stämme in Faeces von Diarrhoe-Kranken, davon 7 bei leichtem Durchfall, 2 bei Brechdurchfall (Ruhrverdacht) und 1 bei Masern mit Brechdurchfall. 2 Stämme isolierte ich aus Urin, einen aus der Mundflora eines Tuberkulose-Kranken und 18 Stämme aus Mainwasser. Die 18 aus Wasser gezüchteten Stämme zeigten alle Vibrionenformen und sind daher in folgendem mit einem V vor der Nummer gekennzeichnet. Sämtliche 60 Stämme wurden durch mehrere Passagen über Agar- und ENDO-Agarplatten rein gezüchtet und nach folgenden Eigenschaften ausgewählt:

Mehr oder weniger lange Stäbchen, keine Färbbarkeit nach GRAM, keine Säurebildung in Traubenzuckerbouillon, keine Gelatineverflüssigung, keine Indolbildung, Blaufärbung von Lackmusmolke, keine Farbstoffbildung bei 22° C und 37° C.

Alle von mir isolierten Alkaligenes-Stämme wachsen aerob. Ihr Wachstumsoptimum liegt bei 37° C. Eine Ausnahme bildet nur Stamm 217, der besser bei 22° C wächst. Die 24 Std alten Bouillon-Kulturen lassen sich alle durch 1 stündiges Erhitzen im Wasserbad bei 55° C abtöten.

2. Morphologie des Einzelbacteriums.

Die von mir isolierten Alkaligenesbakterien sind Stäbchen unterschiedlicher Länge und Dicke. Sie lassen sich nach ihrer Form in 2 große Gruppen einteilen:

a) kurze, dicke, ovoide Stäbchen, 1—1,5mal so lang wie breit, oft fast kugelig erscheinend, meist Diploformen und in Haufen zusammenliegend, alle sehr gleichartig in Gestalt und Größe. Die 24 Std alten Bakterien sind im gefärbten Präparat 0,5—0,75 μ dick und 0,75—1,0 μ lang. Sie werden in folgendem als „Kurzstäbchen" bezeichnet.

b) kürzere bis längere, schlanke Stäbchen, 3—6mal so lang wie breit, fast alle mehr oder weniger deutlich gekrümmt, sehr veränderlich in der Länge, einzeln liegend oder Fäden bildend. Die 24 Std alten Bakterien sind im gefärbten Präparat 0,3—0,5 μ breit und 1,0—3,0 μ lang. Sie werden in folgendem als „Schlanke Stäbchen" bezeichnet. Von den 60 Alkaligenes-Stämmen waren 20 Kurzstäbchen und 40 Schlanke Stäbchen; alle vibrionenähnlichen gehören zur 2. Gruppe.

Bei fast allen Stämmen waren *Polkörperchen* zu beobachten, eine Einteilung der Stämme nach diesem Merkmal war jedoch nicht möglich.

Das *Bewegungsvermögen* der Bakterien wurde nach 20stündigem Wachstum in Bouillon bei 37° C im hängenden Tropfen untersucht. Alle Schlanken Stäbchen waren lebhaft beweglich. Dagegen war bei den Kurzstäbchen keine Eigenbewegung festzustellen, auch nicht durch Wachstum in Bouillon bei 22° C oder durch Kultur auf zuckerhaltigen Nährböden.

Zur *Geißelfärbung* wurde die Methode nach LOEFFLER angewandt. Von den 60 Stämmen stellte ich 18 als peritrich, die übrigen 42 als polar begeißelt fest. $^2/_3$ der *peritrich* begeißelten Stämme gehören zu den Kurzstäbchen (12 Stämme). Sie besitzen 5—7 Geißeln. Bei den *polar* begeißelten Stämmen sind nur 9 Schlanke Stäbchen lophotrich begeißelt. Sie besitzen je 1 polares Büschel von 2—6 Geißeln, von denen jede 3—10mal so lang wie das Bacterium ist. Unter den monotrich begeißelten Bakterienstämmen sind 25 Schlanke Stäbchen und nur 8 Kurzstäbchen. Die monotrichen Geißeln erscheinen oft bis zur Mitte oder noch tiefer 2—3gabelig gespalten, so daß eine lophotriche Begeißelung vorgetäuscht wird.

Tabelle 1. *Begeißelung der 60 Alkaligenes-Stämme.*

Geißeln	Anzahl der Stämme		Summe
	Kurzstäbchen	Schlanke Stäbchen	
Peritrich	12	6	18
Monotrich	8	25	35
Lophotrich	—	9	9

Den Schlanken Stäbchen mit vorwiegend polarer Begeißelung (nur 15% peritrich) stehen die Kurzstäbchen gegenüber, von denen 60% peritrich und 40% polar begeißelt sind.

Eine *Sporenbildung* wurde nicht festgestellt.

3. Morphologie der Zellgemeinschaften.

In *Nährbouillon* wachsen alle Stämme gut. Die Schlanken Stäbchen bilden nach 24—48 Std ein Oberflächenhäutchen, das nach einigen Tagen zu Boden sinkt, wobei es zusammenhängend bleibt. Die Kurzstäbchen-Kulturen dagegen entwickeln nach 1—3 Tagen einen klumpigen, zähen Bodensatz, der sich beim Schütteln nicht loslöst. In *Peptonwasser* verhalten sich die Stämme ebenso wie in Bouillon.

Nach 3 Tagen Wachstum in *Milch* beginnen alle Stämme, diese von oben her aufzuhellen und klären sie nach 3 Wochen vollständig unter Gelb- bis Braunfärbung. Das p_H beträgt dann 8,0—10,0.

Auf *Nähragarplatten* bilden alle Stämme kreisrunde, manchmal auch wetzsteinförmige, ganzrandige Kolonien mit glatter, glänzender Oberfläche und von butterartiger Konsistenz. Die Kolonien der Schlanken Stäbchen sind zart, klar und durchsichtig, meist ein wenig flacher, die der Kurzstäbchen dagegen kräftiger, saftiger, mehr gewölbt, weißlich bis hellgrau, undurchsichtig und irisierend. Diese beiden Kolonieformen stimmen mit den von BAERTHLEIN beschriebenen, und wie er annimmt durch Mutation entstandenen Kolonien überein.

Auf Schrägagar färben sich die Kolonien nach frühestens 4 Tagen schwach braun. Größere Bakterienmengen (KOLLE-Schalen) verbreiten einen durchdringenden rettigartigen Geruch.

Auf ENDO-Agar sind die Kolonien farblos bis zartrosa. Auf DRIGALSKI-Nährboden färben sie sich nach 2—4 Tagen intensiv blau. Auf dem Wasserblau-Metachromgelb-Nährboden nach GASSNER wachsen alle Stämme gelbgrün bis deutlich gelb.

Von steriler Rindergalle wurden 13 Alkaligenesstämme nach 2 Std Aufenthalt im Brutschrank aufgelöst.

Um das Wachstum der Alkaligenesbacillen auf einem *synthetischen Nährboden* zu prüfen, wurde die Nährlösung für Bakterien der Coli-Typhus-Paratyphus-Gruppe nach BRAUN und GOLDSCHMIDT gewählt. Dieses Nährmedium enthält ein milchsaures Salz als einzige C-Quelle und ein Ammoniumsalz als einzige N-Quelle. Die gleiche Kulturflüssigkeit wurde noch einmal mit Zusatz von 1% Dextrose bereitet. In der Dextroselösung war nach 1—10 Tagen unter gleichen Versuchsbedingungen ein stärkeres Wachstum zu beobachten. Die Schlanken Stäbchen bildeten hier im Gegensatz zur zuckerfreien Lösung ein normales Häutchen.

4. Zusammenfassung und Diskussion.

Die von mir untersuchten 60 Alkaligenes-Stämme lassen sich morphologisch in 2 Gruppen mit folgenden Eigenschaften einteilen:

1. *Kurzstäbchen* (20 Stämme) unbeweglich, in Bouillon und Peptonwasser ohne Häutchen wachsend, auf Agar konvexe, saftige, opake Kolonien bildend.

2. *Schlanke Stäbchen* (40 Stämme) lebhaft beweglich, in Bouillon und Peptonwasser ein Häutchen bildend, auf Agar in flachen, zarten, durchsichtigen Kolonien wachsend.

Dazwischen gibt es Übergangsformen, bei denen eine oder mehrere Eigenschaften auf die andere Gruppe hinweisen.

KLIMENKO teilte 1907 in kurze und schlanke Stäbchen ein; er fand einen Stamm mit lophotrich begeißelten Stäbchen, die in Bouillon *kein* Häutchen bildeten. Im Gegensatz dazu ist für sämtliche von mir isolierten, lophotrich begeißelten Stäbchen die Häutchenbildung charakteristisch.

Die von BAERTHLEIN aufgestellte Behauptung, alle Alkaligenes-Bacillen seien amphitrich begeißelt, kann nicht aufrecht erhalten werden. Ich fand auch *monotrich* begeißelte vibrionenähnliche Alkaligenes-Formen.

Die Einteilung in Kurzstäbchen und Schlanke Stäbchen deckt sich mit den von NYBERG (1935) aufgestellten Gruppen. Während NYBERG unter seinen 132 Stämmen kein einziges peritrich begeißeltes Schlankes Stäbchen fand, das der Beschreibung PETRUSCHKYs entsprochen hätte, enthält meine Gruppe 2 5 solcher Stäbchen. Ebenso fand RYTI (1930) entsprechende Stäbchen und trennte sie von den polar begeißelten ab. Nach meinen Befunden ist diese Trennung nicht möglich, da alle Schlanken Stäbchen, ganz gleich, ob peritrich oder polar begeißelt, in eine Gruppe gehören. Diese Auffassung kommt auch in BERGEY's Manual zum Ausdruck, der im Genus Alcaligenes faecalis beide Formen zuläßt, allerdings die Existenz von lophotrichen Schlanken Stäbchen nicht angibt. Ebenso wird dort ein Genus Alcaligenes metalcaligenes aufgeführt, das meiner Gruppe 1 entspricht und unbeweglich ist.

C. Physiologie.

Physiologische Eigenschaften spielen bei der Differenzierung der Bacterien oft eine entscheidende Rolle. Um die verwandtschaftlichen Beziehungen der Alkaligenes-Stämme zu klären, ist es deshalb wichtig, das Verhalten der einzelnen Stämme bei verschiedenen Stoffwechselvorgängen miteinander zu vergleichen.

1. Citratverwertung.

Zur Prüfung der Alkaligenesbacillen auf Citratverwertung diente der SIMMONS-Agar, der mit 0,5% Natrium citricum neutrale bereitet wurde.

Der fertige Nährboden, als Schrägagar abgefüllt, hatte durch seinen Gehalt an Bromthymolblau eine hellgrüne Farbe (p_H 7,1). Die Alkaligenes-Stämme, die imstande waren, das Natrium citricum als C-Quelle zu verwerten, wuchsen schon nach 24 Std sehr kräftig in weißen bis hellblauen Kolonien, während sich der Nährboden durch Alkalibildung blau färbte. Ein kleiner Teil der Stämme bildete so zarte Kolonien, daß man das Wachstum nur an der Blaufärbung des Bodens erkennen konnte, die oft erst 3—4 Tage nach dem Beimpfen auftrat. Es war auffallend, daß die 20 Kurzstäbchen-Stämme auch nach 8 Tage langem Brutschrankaufenthalt nicht auf dem SIMMONS-Agar wuchsen, während die Schlanken Stäbchen mit Ausnahme von 4 Stämmen nach 1—4 Tagen deutliche Kolonien bildeten. So ergibt sich eine klare Trennung zwischen den *ammonschwachen Kurzstäbchen* und den *ammonstarken Schlanken Stäbchen*.

2. Nachweis von Katalase und Oxydasen.

Zum Nachweis der *Katalase* wurden 5 cm³ einer 24 stündigen Trypsinbouillonkultur mit 3 cm³ einer 3%igen Wasserstoffsuperoxydlösung versetzt. Es trat sofort oder nach 1—2 min eine lebhafte Sauerstoffentwicklung auf. Alle geprüften Stämme besitzen demnach das Enzym Katalase.

Der Nachweis der *Oxydasen* wurde nach LOELE durchgeführt.

Zur *Oxydasereaktion* brachte ich mit einer Pipette einige Tropfen einer 1%igen Paraphenylendiaminlösung auf die 48 stündigen Alkaligeneskolonien einer Agarplatte. Bei den positiven Stämmen trat sofort oder nach einigen Minuten eine rosabraune bis rostrote Färbung auf, die mehrere Stunden bestehen blieb.

Die *Peroxydasereaktion* wurde in der gleichen Weise, nur mit Zusatz von 10% einer 3%igen H_2O_2-Lösung zu der Paraphenylendiaminlösung durchgeführt. Die Reaktion trat hier wesentlich schneller ein. Positive Stämme waren nach 4 min intensiv rotbraun gefärbt.

Zur *Nadireaktion* wurde eine 0,05%ige α-Naphthol-NaCl-Lösung mit einer 0,25%igen Lösung von Dimethylparaphenylendiamin ana partes gemischt und auf die Kulturen geträufelt. Die positiven Stämme färbten sich indigoblau.

Bei allen 3 Reaktionen wurde nur die innerhalb von 4 min eintretende Färbung als positiv angesehen.

Die *Schlanken Stäbchen* reagierten bei sämtlichen Oxydase-Reaktionen *positiv*, die *Kurzstäbchen* dagegen negativ.

Vergleich mit den Ergebnissen von LOELE.

Die von mir gemachte Beobachtung, daß alle Schlanken Stäbchen positive Oxydasereaktionen geben, deckt sich mit den Angaben von LOELE (1929), der nur Schlanke Stäbchen prüfte. Wenn diese Ergebnisse mit dem Verhalten anderer Bakteriengruppen verglichen werden, so läßt sich mit Angehörigen der Typhus-Coligruppe und mit saprophytischen

Wasservibrionen keine Ähnlichkeit feststellen, denn diese Stämme geben nach LOELE lediglich die Peroxydasereaktion. Dagegen stimmen Choleravibrionen und Fluorescens-Bakterien in allen Oxydasereaktionen mit dem Verhalten der Schlanken Alkaligenes-Stäbchen überein.

3. Denitrifikation.

Zum Nachweis der *Nitratreduktion* durch die Alkaligenes-Bakterien diente als Kulturflüssigkeit 1%iges Peptonwasser mit Zusatz von 0,1% KNO_3. Die Bakterien wurden hierin unter aeroben und anaeroben Bedingungen (Überschichten der Kulturflüssigkeit mit Paraffinöl) bebrütet. Mit Gärröhrchen wurde auf Gasbildung (Stickstoff) geprüft.

Nach 14tägiger Bebrütung der Kulturen goß ich die Flüssigkeit unter dem Paraffin ab und verteilte sie auf 2 Reagensgläser. Zu dem einen wurde angesäuerte Jodzinkstärkelösung gegeben. Die auftretende Blaufärbung zeigte das durch Reduktion des Nitrates entstandene Nitrit an.

Wenn kein Nitrit nachgewiesen werden konnte, wurde in dem 2. Röhrchen mit Diphenylamin-Schwefelsäure auf das Vorhandensein von restlichem KNO_3 geprüft, da es vorkam, daß nach 14 Tagen kein Nitrat mehr vorhanden war, ohne daß die Nitritstufe gefaßt wurde. In diesen Fällen gelang es jedoch, bei einer Wiederholung des Versuches, die Nitritstufe 24—48 Std nach der Beimpfung nachzuweisen. Die Röhrchen, in denen keine Nitratreduktion eintrat, wurden 4 Wochen lang beobachtet.

Die *Reduktion von Nitriten* untersuchte ich in einer Nährlösung aus Peptonwasser mit Zusatz von 0,01% $NaNO_2$ unter Paraffinabschluß. Nach 14 Tagen wurde mit Jodzinkstärkelösung geprüft, ob Nitrit noch vorhanden oder ob es abgebaut worden war. Fiel die Reaktion auf Nitrit negativ aus, so war dieses weiter reduziert worden. Es ließe sich dann N-Gas, Ammoniak oder beides nachweisen. Blieb die Nitritreaktion positiv, war also keine vollständige Reduktion eingetreten, so wurde noch 4 Wochen weiter beobachtet.

Unter 60 geprüften Stämmen reduzierten 33 Nitrate und davon 18 auch Nitrite. 3 Stämme bildeten außerdem Ammoniak, 2 Stickstoffgas und 4 beides.

Es reduzierten 25% aller Kurzstäbchen und 70% aller Schlanken Stäbchen. Da 85% der nitratreduzierenden Bakterien Schlanke Stäbchen sind, ist diesen also auch hier die größere Aktivität zuzuschreiben.

4. Bildung von Schwefelwasserstoff.

Auf Schwefelwasserstoffbildung wurde in folgenden Nährböden durch Einhängen eines mit Bleiacetatlösung getränkten Papierstreifens geprüft:

Nähragar (Schrägagar), Nährbouillon, Nährboden mit Sulfit (ENDO-Agar) und Nähragar mit Zusatz von 1% Natriumthiosulfat.

Bei allen Stämmen konnte H_2S-Bildung durch Braun- bis Schwarzfärbung des Papierstreifens nachgewiesen werden. Stamm 59 bildete nur unter anaeroben Verhältnissen H_2S. Vielleicht ist dies auch die Ursache dafür, daß manche Autoren, die nur unter aeroben Bedingungen gearbeitet haben, die H_2S-Bildung als negativ angeben.

5. Reduktion von Kaliumtellurit.

Auf einem Nähragar mit Zusatz von 0,01% Kaliumtellurit zeigten die Alkaligenes-Stämme kein Wachstum. Auf CLAUBERG II-Nährboden erschienen die Stämme, die Tellurit zu reduzieren vermochten, nach 24 bis 48 Std als graue bis schwarze Kolonien. Negativ reagierende Stämme wurden 5 Tage lang bei 37° C beobachtet.

Die 45 Kaliumtellurit reduzierenden Stämme verteilen sich auf 90% der Kurzstäbchen und 65% der Schlanken Stäbchen, so daß wir hier keine Differenzierungsmöglichkeit zwischen den beiden Gruppen haben.

6. Reduktion von organischen Farbstoffen.

Die Reduktionsintensität der Alkaligenes-Stämme wurde in ihrem Verhalten gegenüber folgenden Farbstoffen geprüft:

Lackmus, Neutralrot, Methylenblau, Malachitgrün, Janusgrün (Diazingrün) und Indigocarmin.

Da die Farbstoffe manchmal entwicklungshemmend auf die Bakterien wirken, wurden sie meistens erst der bereits 24 Std gewachsenen Kultur zugesetzt. Um den oxydierenden Einfluß des Luftsauerstoffes auszuschalten, überschichtete ich die Röhrchen mit flüssigem Paraffin. Unbeimpfte und mit Vergleichsbakterien beimpfte Kontrollen wurden immer mitgeführt.

Die Reduktion des *Lackmusfarbstoffes* wurde in Nährbouillon mit Zusatz von 15% Lackmustinktur nach KUBEL und TIEMANN (MERCK) nachgeprüft, einmal mit und einmal ohne Zusatz von 1% Glucose. Die beimpften Röhrchen wurden 3 Wochen lang bei 37° C bebrütet. Die Entfärbung des Lackmusfarbstoffes trat meist nach 2—3, spätestens nach 6 Tagen ein. Auffallend war, daß unter den 33 reduzierenden Stämmen sich nur 5 der 20 Kurzstäbchen-Stämme befanden, was 25% aller Kurzstäbchen entspricht. Von den 40 Stämmen der Schlanken Stäbchen waren 28 (=70%) positiv, darunter sämtliche aus Wasser gezüchteten Stämme. 5 Stämme der Schlanken Stäbchen vermochten die Lackmuslösung ohne Zusatz zu reduzieren, alle anderen nur dann, wenn sie mit Glucose versetzt war.

In Neutralrot-Traubenzuckeragar (Stichkultur, hohe Schicht) verhielten sich alle 60 Alkaligenes-Stämme gleich. Nach 48 Std erfolgte von oben her eine gelbliche Verfärbung des primär rot gefärbten Agars, die allmählich weiter fortschritt. Nach 16 Tagen war der Nährboden aufgehellt. Keiner der Alkaligenes-Stämme reduzierte demnach Neutralrot, und die Aufhellung beruhte allein auf der Alkalibildung durch das Bakterienwachstum.

Ein übereinstimmendes Verhalten zeigten die Stämme auch in *Methylenblaulösung*. 5 cm³ Bouillonkultur wurden mit 0,2 cm³ steriler Methylenblaulösung (1:1000) versetzt, mit Paraffinöl abgeschlossen und in den Brutschrank gestellt. Nach einer halben Stunde hatten 82,5% der Schlanken Stäbchen und 45% der Kurzstäbchen die hellblaue Lösung vollkommen entfärbt. Bei den übrigen Stämmen trat die Entfärbung erst nach 2 Std ein. Es zeigte sich auch hier die schnellere Reaktionsfähigkeit der Schlanken Stäbchen.

Das Wachstum in *Malchitgrünlösung* wurde folgendermaßen geprüft: 5 cm³ Bouillonkultur wurden mit 0,2 cm³ einer sterilen 0,25%igen Malachitgrünlösung (Malachitgrün, E. MERCK Nr. 1398) versetzt und mit Paraffinöl überschichtet. Die Endverdünnung dieser intensiv grünen Lösung betrug also 0,01%. Nach 1—7 Tagen Aufenthalt im Brutschrank war die Lösung in allen Röhrchen gelb gefärbt.

Die Reduktionsprobe mit *Janusgrün* (Diazingrün) nach AYERS, JOHNSON und MUDGE zeigte Unterschiede bei den einzelnen Alkaligenes-Stämmen.

Als Nährboden diente ein 0,5%iges Glucose-Peptonwasser (p$_H$ 7,5). Zu 4 cm³ Kulturflüssigkeit wurde 0,1 cm³ einer sterilen 0,5%igen wäßrigen Janusgrünlösung hinzugefügt. Die Kulturröhrchen wurden dann in den Brutschrank gestellt und nach ½, 1, 2, 3, 4, 5, 6, 24 und 48 Std beobachtet. Manche Stämme änderten schon nach ½ Std, andere erst nach 1—3 Std, den violetten Farbton der Lösung in Karminrot um.

38 Stämme besaßen somit die Reduktase, die das Diazingrün irreversibel in Safranin und Dimethylanilin spaltet. 8 Stämme hatten außerdem die Fähigkeit, das Safranin weiter in seine Leukobase überzuführen, wobei eine reversible rosa bis orange Färbung auftrat. Außer 4 Kurzstäbchen waren alle janusgrünpositiven Stämme Schlanke Stäbchen (85% aller Schlanken Stäbchen).

Von den Azofarbstoffen habe ich außerdem *Indigocarmin* zu meinen Versuchen herangezogen.

Zu 5 cm³ Bouillonkultur wurde 1 cm³ einer 0,25%igen sterilen Indigocarminlösung gegeben, mit Paraffinöl überschichtet und 7 Tage bei 37° C bebrütet. Bei einigen Stämmen schlug die blaue Farbe der Lösung schon nach 24 Std in gelb um, bei anderen Stämmen blieb eine grüne Mischfarbe längere Zeit bestehen. Daß bei dem Umschlag eine Reduktion vorliegt, beweist das erneute Blauwerden der Lösung bei Berührung mit dem Luftsauerstoff, wenn das Röhrchen geschüttelt wird.

Zu einer Differenzierung der Alkaligenesbacillen ist der Farbstoff jedoch ungeeignet, da er von allen 60 Stämmen gleichmäßig reduziert wird.

Gute Unterschiede zeigen die Alkaligenes-Stämme bezüglich ihrer reduzierenden Fähigkeiten gegenüber *Ammoniummolybdat*. Ich setzte zu 5 cm³ Kulturflüssigkeit 1 cm³ 5%ige sterile Ammoniummolybdatlösung und las das Ergebnis nach 1 und 24 Std Brutschrankaufenthalt der Röhrchen ab. Im Gegensatz zur farblosen Kontrollösung waren die positiven Röhrchen nach dem Umschütteln kräftig blau gefärbt. Alle Schlanken Stäbchen zeigten eine positive Reduktion, während die Kurzstäbchen die Lösung unverändert ließen.

Zusammenfassend läßt sich über die Farbstoffreduktion sagen: Gegenüber den 4 Farbstoffen Neutralrot, Methylenblau, Malachitgrün und Indigocarmin verhalten sich alle Stämme gleich. Diese Farbstoffe sind daher für eine Differenzierung der Alkaligenesbakterien ungeeignet. In Lackmus- und Janusgrünlösung treten teilweise Reduktionen ein, die größtenteils von Schlanken Stäbchen hervorgerufen werden, deren stärkere Aktivität damit zum Ausdruck kommt. Am brauchbarsten erweist sich Ammoniummolybdatlösung, die eine Trennung zwischen den reduzierenden Schlanken Stäbchen und den nicht reduzierenden Kurzstäbchen ermöglicht.

7. Abbau von Fetten.

Die Spaltung eines einfachen Fettes wurde in einer Emulsion von Bromthymolblau-Peptonwasser mit 1,5% Tributyrin geprüft. Nach 2—3, spätestens 7 Tagen wurde bei den meisten Stämmen die Spaltung des Fettes durch Gelbfärbung der Lösung sichtbar. Um die Zersetzung eines *höheren Fettes* zu untersuchen, bereitete ich einen Nähragar mit 3% Oleum arachidis und 4% wäßriger 1,2%iger Bromthymolblaulösung als Indicator (p$_H$ 7,0), sterilisierte im Autoklav bei 1 atü., schüttelte bis kurz vor dem Erstarren und beimpfte als Schrägagar. Die Alkaligenes-Bacillen wuchsen nach 24 Std in weißen Kolonien unter Bläuung des Bodens. Bei den Stämmen, die das Öl zu spalten vermochten, trat nach einigen Tagen eine Gelbfärbung der Kolonien und des Kondenswassers auf, der Boden färbte sich grünlich, und die vorher durchsichtigen Fett-Tröpfchen wurden nun undurchsichtig und gelb. Durch die Spaltung des Öles mußte neben Glycerin die feste Arachinsäure gebildet worden sein, die anfangs als weiße, später als gelbe Schollen auf dem Nährboden sichtbar wurde. In den Röhrchen mit unveränderter Nährlösung hoben sich dagegen die durchsichtigen blauen Fetttröpfchen vom blauen Boden und gleichgefärbten Kondenswasser kaum ab.

70% aller 60 Alkaligenes-Stämme griffen Tributyrin an, dagegen nur 53% das Arachisöl. Die Kurzstäbchen spalteten bis auf einen Stamm alle, auch das Erdnußöl; von den Schlanken Stäbchen dagegen griffen nur 55% das Tributyrin und 33% das Erdnußöl an. Während bisher die

Schlanken Stäbchen den Vorrang hatten, entfalten hier die Kurzstäbchen eine größere Aktivität.

8. Abbau von Eiweiß.

Proteolytische Fermente fanden sich bei keinem Alkaligenes-Stamm. Frisch bereitete *Gelatine* (Handelsmarke Schweinfurt) wurde auch nach 4 Wochen nicht verflüssigt, ebensowenig LÖFFLER-*Serum*. Auf einem 5%igen Hammelblutagar trat in 6 Tagen keine Hämolyse ein. *Indol* wurde weder nach 2 noch nach 20 Tagen gebildet. Zum Nachweis der *Phenolbildung* wurde die Kulturflüssigkeit nach ZIPFEL angewandt: Zu der Grundlösung wurde beim ersten Versuch $0,3^0/_{00}$ p-Oxybenzoesäure, beim zweiten $0,3^0/_{00}$ l-Tyrosin zugesetzt. Nach 48 Std Wachstum konnte weder mit Bromwasser noch mit Formalin-Schwefelsäure nach MARQUIS Phenol nachgewiesen werden.

Bei einigen Alkaligenes-Stämmen wurde die Wirkung von *Amidasen* festgestellt:

Die *Urease* spaltet Harnstoff (über die Carbaminsäure) in Ammoniak, Kohlendioxyd und Wasser. Die hierbei entstehende stark alkalische Reaktion dient zum Nachweis des Fermentes. Da die Alkaligenesbacillen in peptonhaltigen Böden schon normalerweise Alkali bilden, war zu erwarten, daß die üblichen Harnstoffböden für sie ungeeignet sein würden. Versuche bestätigen dies.

Am geeignetsten erwies sich die Harnstoff-Phosphat-Pufferlösung nach WOHLFEIL. Eine 24-stündige Agarkultur wurde mit 10 cm³ dieser Lösung abgeschwemmt und 48 Std. bei 37° C bebrütet. Eine nach Zugabe von Phenolphthalein-Lösung (p_K 9,5) eintretende Rotfärbung konnte nur auf Alkalibildung durch Harnstoffspaltung beruhen, da sich in der Nährlösung sonst keine Stickstoff enthaltende Verbindung befand, aus der hätte Alkali gebildet werden können. Nur 7 Alkaligenes-Stämme (3 Schlanke Stäbchen und 4 Kurzstäbchen) waren imstande, Harnstoff zu zersetzen.

Das Ferment *Hippurase* spaltet die Hippursäure in Benzoesäure und Glykokoll. Letzteres kann von manchen Bakterien durch reduktive Desaminierung noch weiter in Ammoniak und Essigsäure zerlegt werden. Für meine Reihenuntersuchungen erschien der Nachweis des bei der Spaltung entstandenen Glykokolls am geeignetsten. Für den Fall einer weiteren Aufspaltung des Glykokolls wurde auch auf das Vorhandensein von Ammoniak geprüft. Als Kulturmedium wählte ich eine Nährlösung von SCHELLMANN nach folgender Vorschrift:

K_2HPO_4	0,2 g	p_H 7,0, mit Soda einstellen,
$MgSO_4 \cdot 7\,H_2O$	0,1 g	zu 5 cm³ in Röhrchen abfüllen,
Acid. hippuric.	0,5 g	an 3 aufeinanderfolgenden Tagen
Aqua dest.	150,0 g	je 20 min im Dampftopf erhitzen.

Das Wachstum auf diesem Boden war unterschiedlich und bei eingetretener Hippursäurespaltung meist stärker. Es wurden 2 Versuchsreihen angesetzt, von denen die eine 5 Tage, die andere 14 Tage bei 37° C bebrütet wurde. Der Inhalt wurde dann auf 2 Reagensgläser verteilt und folgendermaßen geprüft:

1. ENGELS-Reaktion auf Glykokoll.

Zur Kultur wurden je einige Tropfen einer 5%igen Phenollösung und NaOCl-Lösung (15% aktives Cl) gegeben. War Glykokoll vorhanden, so trat nach wenigen Minuten Trübung und Blaufärbung ein. Die negativen Röhrchen blieben dagegen wie die Kontrolle klar mit schwach grünlichem Schimmer. Diese Reaktion war sehr eindeutig, so daß eine klare Entscheidung über die Hippursäurespaltung möglich war.

2. Nachweis von Ammoniak mit NESSLERS Reagens.

Von 60 geprüften Stämmen spalteten 31 die Hippursäure, davon zersetzten 17 das entstandene Glykokoll weiter bis zu Ammoniak. Positiv waren 70% der Kurzstäbchen und 42,5% der Schlanken Stäbchen. Von den hippurasepositiven Stämmen bauten sämtliche Schlanken Stäbchen, aber nur 3 Kurzstäbchen, bis zu Ammoniak ab.

4 Kurzstäbchen und 1 Schlankes Stäbchen besitzen sowohl Urease als auch Hippurase.

Die *Ammoniakbildung aus Pepton* wurde in Peptonwasser (p_H 7,0) nach 5 tägiger Bebrütung bei 37° C durch Zugabe von NESSLERS Reagens nachgeprüft. Alle Schlanken Stäbchen zeigten eine positive Reaktion, die von einer schwachen Trübung und Gelbfärbung bis zur orangefarbenen Fällung alle Zwischenstufen umfaßte. Zum Vergleich wurden Coli- und Typhusbacillen sowie Staphylokokken mitgeprüft, und es ergab sich, daß die Alkalibildung des Bacterium faecale alcaligenes in einfachen Peptonnährböden nicht größer als die der anderen Bakterien auch war. Nur 75% der untersuchten Stämme bildeten mit NESSLERS Reagens nachweisbare Ammoniakmengen.

9. Abbau von Kohlenhydraten.

Methodik.

Als Grundlage der Kohlenhydrat-Nährböden wurde Nährbouillon oder Peptonwasser verwendet (p_H 7,0—7,4). Als Indicator dienten 7% Lackmustinktur nach KUBEL und TIEMANN oder 4% einer wäßrigen 1,2%igen Bromthymolblaulösung. Sämtliche Nährböden wurden fraktioniert sterilisiert durch 20 min langes Erhitzen im Dampftopf an drei aufeinanderfolgenden Tagen.

Alkalibildung in Milch- und Traubenzuckerlösungen.

Da nach den meisten Literaturangaben die Alkaligenes-Bacillen in Kohlenhydratlösungen niemals Säure, sondern nur Alkali bilden, ist dies immer ein sicheres Kriterium für das Vorliegen eines Alkaligenes-Stammes. Auch ich prüfte daher meine Stämme sofort nach der Isolierung auf ihr Verhalten in Zuckerlösungen.

Die Abimpfung der Stämme als farblos wachsende Kolonien von ENDO-Platten bot schon eine erste Gewähr dafür, daß sie aus Milchzucker weder Säure, noch Aldehyd zu bilden vermochten. In 2%iger Glucose- bzw. Laktose-Lackmusbouillon, sowie in Lackmusmolke wurde innerhalb von 3 Wochen keine Säure gebildet (Bebrütung bei 22° C und 37° C). In den gleichen Lösungen mit *Bromthymolblau* als Indicator war ein besseres Ablesen möglich, da dieser Farbstoff nicht reduziert wurde. Die beimpften Röhrchen wurden gegenüber der Kontrolle stark alkalisch (p_H 8,0—8,4). Bei einer Wiederholung des Versuches, 1 Jahr später, war das Ergebnis unverändert.

Um feinere Unterschiede in der Stärke der Alkalibildung festzustellen, ist der Indicator Bromthymolblau (p_K 7,11) nicht sehr geeignet. Es wurde deshalb *Kresolrot* mit den höher liegenden p_K von 8,15 gewählt. Die Alkaligenes-Stämme wurden 2 Tage lang in einem 1%igen Glucose-Peptonwasser (p_H 7,4) bebrütet; dann wurden zu je 3 cm³ Kulturflüssigkeit 2 Tropfen Kresolrotlösung hinzugegeben. Die Kontrolle nahm daraufhin einen zart rosa bis bräunlichen Farbton (p_H 7,4) an, während sich die Röhrchen, in denen Alkali gebildet worden war, karminrot färbten (p_H 7,9—8,0). Letzteres war bei allen Schlanken Stäbchen der Fall, die Kurzstäbchen zeigten dagegen unverändert die gleiche Farbe wie die Kontrolle. Dieser Befund deckt sich mit den Angaben von NYBERG, der auch nur bei den Schlanken Stäbchen eine größere Alkalibildung feststellte.

VOGES-PROSKAUER-*Reaktion*.

Zum Nachweis von Acetylmethylcarbinol wurden alle Stämme auf Phophat-Traubenzucker-Peptonlösung (HABS) geimpft und nach TAYLOR geprüft. Sämtliche Alkaligenes-Stämme bildeten kein Acetylmethylcarbinol.

Vergärung von Alkoholen.

In der Glycerin-Fuchsin-Bouillon nach STERN riefen die Alkaligenes-Stämme auch nach 4 Tagen keine Veränderung hervor. Ebenso trat in 1%igem Mannit-Lackmus-Peptonwasser, das mit den Alkaligenes-Stämmen beimpft und 18 Tage lang kontrolliert wurde, keine Säurebildung ein.

Spaltung von d-Tartrat.

In dem Nährboden nach KAUFFMANN, der 5% Kalium-Natrium-Tartrat und Bromthymolblau als Indicator enthält, zeigten die Alkaligenesbacillen nach 24 stündigem Wachstum keine Farbänderung, während positive Kontrollstämme (Bact. paratyphi B und Bact. enteritidis Breslau) die hellblaue Lösung entfärbten. d-Tartrat wurde also von keinem Alkaligenes-Stamm angegriffen.

Spaltung von Äsculin.

In Äsculin-Bouillon wurden die Alkaligenes-Stämme 4 Tage bebrütet und mit einigen Tropfen einer 1%igen Eisenchloridlösung geprüft. Von 60 Stämmen zeigten 6 (Schlanke Stäbchen) die Spaltung von Äsculin an, dieses Verhalten änderte sich innerhalb von 2 Jahren nicht.

Stärkespaltung.

Zur Beobachtung der Stärkespaltung durch die Alkaligenesbacillen wurde ein 1%iges Stärke-Peptonwasser mit Lackmuszusatz (p_H 7,5) verwendet und durch Tüpfeln mit Jodlösung die Stärkeabnahme festgestellt. 8 Alkaligenes-Stämme zeigten in dieser Nährlösung nach 8tägigem Wachstum bei 37° C mit Jodlösung keine Blaufärbung mehr, d. h., sie hatten die Stärke gespalten. In den 8 Röhrchen wurde mit Nylanders Reagens Zucker nachgewiesen.

Die Frage, ob der Stärkeabbau durch die Alkaligenes-Stämme bis zum Monosaccharid Glucose oder bis zum Disaccharid Maltose geht, konnte nur auf biochemischem Wege geklärt werden, da auf rein chemischem Wege beide Zucker in gleicher Weise mit Nylanders Reagens reagieren. Zu diesem Zwecke wurde die Kulturlösung neutralisiert und die Alkaligenesbakterien durch kurzes Erhitzen im siedenden Wasserbad abgetötet. Nachdem auf Sterilität geprüft worden war, wurden in jedes Röhrchen Schmitzbakterien (Shigella ambigua) eingeimpft. Diese säuern erfahrungsgemäß Glucose, nicht aber Maltose. Nach 1—3 Tagen Aufenthalt bei 37° C war der Lackmusfarbstoff in der Kontrolle und in den beiden mit den Stämmen V 64 und V 79 beimpften Röhrchen blau, in allen anderen Röhrchen rot gefäbt. Die Stärke mußte daher in der rot gefärbten Nährlösung bis zur Glucose abgebaut worden sein, andernfalls hätten die Schmitz-Bakterien keine Säure bilden können. Die Stämme V 64 und V 79 hatten dagegen nicht bis zur Glucose, sondern nur bis zur Maltose gespalten, die von den Schmitz-Bakterien nicht angegriffen wird. Dieses Ergebnis stimmte auch mit den nach der Beendigung der Stärkespaltung gemessenen p_H-Werten überein, die bei allen bis zur Glucose abbauenden Stämmen unter p_H 7,0 lagen, so daß hier eine schwache Säuerung durch die Alkaligenes-Bakterien angenommen werden kann. Wiederholungen des Versuches, 1 und 2 Monate später, lieferten das gleiche Ergebnis. Von 60 Alkaligenes-Stämmen waren demnach 8 fähig, Stärke abzubauen und zwar 2 Stämme (V 64 und V 79) nur bis zur Maltose, die übrigen 6 bis zur Glucose.

Glucosespaltung.

Das Verhalten der Alkaligenes-Stämme gegenüber Traubenzucker wurde anläßlich von Reinheitsprüfungen oftmals untersucht. 4 Monate nach der Isolierung fielen einige Stämme auf, die *Neutralrot-Trauben-*

zuckeragar nicht mehr aufhellten, sondern bei denen eine tiefrote Farbe des Agars bestehen blieb. Dies kann nur auf eine leichte Säurebildung durch die Alkaligenes-Bacillen zurückzuführen sein.

Bei der im gleichen Monat vorgenommenen Nachprüfung des p_H-Wertes in Traubenzucker-Peptonwasser mittels *Kresolrot-Lösung* beobachtete ich bei einigen Kulturen eine schwache Gelbfärbung (p_H 6,9). Diese von der Norm abweichende Farbe ist wahrscheinlich ebenfalls auf eine schwache Säurebildung zurückzuführen.

Bemerkenswert ist, daß diejenigen Stämme, die Stärke, Äsculin und Glucose angriffen, auch die stärkste Ammoniakbildung aufwiesen. Es ist anzunehmen, daß hierdurch die Säureproduktion anfangs überdeckt wurde und damit die direkte Ablesung der Säurebildung in Glucose-Indicator-Lösungen ungenau wird. Ich versuchte darum auf anderem Wege Aufschluß über die Glucosesäuerung der Stämme zu erhalten und wandte folgende Methoden an:

1. Biochemischer (indirekter) Nachweis.
2. Chemischer Nachweis.
   a) qualitativ mit NYLANDERS Reagens,
   b) quantitativ durch Titration nach WILLSTÄTTER und SCHUDEL.

Indirekter, biochemischer Nachweis der Glucosespaltung.

Die Alkaligenesbakterien werden, wenn sie imstande sind, Glucose anzugreifen, in einer Lösung mit 0,5 oder 1% Glucose diese nach genügend langem Wachstum ganz oder bis auf kleine Bruchteile abbauen. Wird nun ein anderes, Glucose kräftig vergärendes Bacterium eingeimpft, so vermag es in den Röhrchen, in denen bereits alle Glucose abgebaut wurde, keine Säure mehr zu bilden, dagegen fermentiert es den Zucker in den Röhrchen, in denen durch die Alkaligenesbacillen kein Angriff stattgefunden hatte, da hier die Glucose noch unverbraucht vorliegt.

Dieser Versuch wurde mit einer synthetischen anorganischen und einer peptonhaltigen Nährlösung durchgeführt.

Synthetische Nährlösung:		*Glucose-Peptonwasser:*	
NaCl	0,5 g	Pepton	1,0 g
$MgSO_4 \cdot 7 H_2O$	0,02 g	NaCl	0,5 g
$NH_4H_2PO_4$	0,1 g	Aqua dest.	100,0 g
K_2HPO_4	0,1 g	Glucose	1,0 g
Aqua dest.	100,0 g	wäßrige Bromthymolbaulösung	4 cm³
Glucose	1,0 g	p_H 7,0	
wäßrige Bromthymolbaulösung	4 cm³		
p_H 7,4			

Die beimpften Röhrchen wurden 4 Wochen lang bei 37° C bebrütet. In keinem derselben war Säuerung durch Farbumschlag festzustellen. Nun wurden sie zur Abtötung der Alkaligenesbacillen 10 min im

Dampftopf erhitzt und darauf mit Paracolibacillen beimpft. Schon nach 8 Std waren 43 Röhrchen gelb gefärbt; dagegen war in 17 Röhrchen eine Blaufärbung eingetreten. Hier kann somit kein Traubenzucker mehr vorhanden gewesen sein, weil sonst die Nährlösung durch Paracolibacillen hätte gesäuert werden müssen. Die Alkaligenes-Bacillen müssen also auf einem anderen Wege als durch Säurebildung den Traubenzucker zum Verschwinden gebracht haben. Beide Nährlösungen lieferten die gleichen Resultate.

Chemischer Nachweis der Glucosespaltung.

Es wurden ähnliche Nährlösungen wie beim biochemischen Nachweis, aber ohne Indicator, verwendet. Der Glucosegehalt wurde auf 0,2% herabgesetzt, damit der Zucker bei einem Angriff möglichst vollständig abgebaut werden sollte und sich auch Spuren unveränderten Zuckers mit einem empfindlichen Reagens nicht mehr nachweisen lassen sollten. Die 4 Wochen lang bebrüteten Kulturen wurden mit NYLANDERS Reagens versetzt und dann kurze Zeit im Wasserbad gekocht. Einige Röhrchen färbten sich daraufhin dunkelbraun bis schwarz. In ihnen konnte die Glucose nicht restlos abgebaut worden sein. Die anderen Röhrchen blieben nach dem Kochen unverändert: Es mußte also ein Angriff auf den Zucker stattgefunden haben, der ihn zum Verschwinden brachte. Diese Röhrchen fielen meist schon vorher durch ihre dichte Bewachsung auf. 13 Stämme waren fähig, in beiden Lösungen die Glucose vollständig abzubauen.

Für das Verhalten der Glucose nicht säuernden Alkaligenes-Stämme stehen nun folgende 3 Möglichkeiten offen:

a) Sie lassen das Zuckermolekül vollkommen unberührt.

b) Sie bauen nur kleine, qualitativ nicht nachweisbare Mengen ab.

c) Sie verändern das Zuckermolekül so, daß es verschwindet, ohne daß Säure als Endprodukt entsteht.

Zur *quantitativen Beobachtung* des Zuckerabbaues diente als Nährlösung ein 0,5%iges Glucose-Peptonwasser (p_H 7,2). Von dieser Lösung wurden je 100 cm³ in ERLENMEYER-Kolben abgefüllt, sterilisiert und mit 8 Alkaligenes-Stämmen beimpft. Die Kolben wurden 4 Wochen lang bei 37° C bebrütet. In Abständen von 4—6 Tagen wurden je 5 cm³ der Lösung steril entnommen und darin die Glucosemengen durch jodometrische Titration nach WILLSTÄTTER und SCHUDEL bestimmt.

Chemischer Vorgang:

$$CH_2OH(CHOH)_4CHO + J_2 + 3NaOH = CH_2OH(CHOH)_4COONa + 2NaJ + 2 H_2O.$$

Der Zucker wurde mittels überschüssigen Mengen Jodlösung und NaOH oxydiert und die nicht verbrauchte Jodmenge mit Natriumthiosulfat bestimmt. Wie Kontrollversuche mit reinem Peptonwasser ergaben, wurde auch Peptonwasser in geringen Mengen oxydiert. Da es nur auf relative Werte ankam, spielte dieser immer gleichbleibende Fehler keine Rolle.

Tab. 2 gibt die Titrationsergebnisse für den Glucosegehalt bei 8 Alkaligenes-Stämmen und der unbeimpften Kontrolle wieder. Aus den Kontrollösungen errechnete sich für die Versuchsergebnisse ein relativer

Tabelle 2. *Quantitativer Nachweis der Glucoseabnahme in Glucose-Peptonwasser.*

Stamm Nr.	Glucosemenge in mgr		Abnahme der Glukosemenge
	Nach 24 Std Bebrütung	Nach 4 Wochen Bebrütung	
187	2,62	2,71	—
205	2,88	2,70	—
217	2,71	1,05	+
242	2,79	0,96	+
V 47	3,06	2,25	+
V 58	2,97	1,92	+
V 80	2,88	1,57	+
V 83	3,06	1,87	+
Kontrolle	3,10	2,90	—

Fehler von 10%. Ein ständiges Absinken über diese Fehlergrenze hinaus kann als Beweis dafür angesehen werden, daß die betreffenden Alkaligenes-Stämme Glucose angreifen. Es ergibt sich so aus der Tabelle, daß 6 von 8 untersuchten Alkaligenes-Stämmen imstande waren, das Glucosemolekül so zu verändern, daß es sich titrimetrisch nicht mehr nachweisen ließ. Die beiden Stämme 187 und 205 zeigten dagegen auch nach 4 Wochen noch keine Abnahme der Glucosemengen.

Um festzustellen, ob das Verschwinden der Glucose vielleicht doch auf eine Säurebildung zurückzuführen war, wurde mehrfach das Verhalten der 60 Alkaligenes-Stämme in 1%-, 2%- und 10%igem Glucose-Bromthymolblau-Peptonwasser bis zu 3 Wochen lang untersucht. In der 10%igen Glucoselösung wurde zum erstenmal die Säuerung des Traubenzuckers durch einige Alkaligenes-Stämme beobachtet, später dann auch in den 1%- und 2%igen Glucoselösungen. Die Säurebildung setzte in der 10%igen Glucoselösung immer einige Tage früher ein als in den beiden anderen Nährlösungen. Bei 5 Stämmen wurde *nur* in der 10%igen Lösung nach 3—13 Tagen eine Säuerung festgestellt. In der Nährlösung mit 1% und 2% Glucose zeigte der Indicator einen Farbumschlag infolge Säurebildung frühestens nach 7—8 Tagen an. Bei manchen Stämmen erfolgte die Reaktion sogar erst nach 16—19 Tagen. Im Laufe der Monate, in denen die Untersuchungen durchgeführt wurden, ergab sich für die späteren Versuche meist eine geringere Zeitspanne bis zum Eintritt der positiven Reaktion als für die vorhergehenden. Eine Gasbildung wurde nie beobachtet.

2 Jahre nach der Isolierung der 60 Alkaligenes-Stämme stellte sich somit heraus, daß nur 20 Stämme keine Säurebildung in Glucoselösung

hervorriefen, die übrigen 40 Stämme hatten diese Eigenschaft nach und nach ausgebildet. Daß diese 40 Glucose säuernden Kulturen tatsächlich noch die vor 2 Jahren isolierten Stämme und keine weitergezüchteten Verunreinigungen waren, bewiesen wiederholt durchgeführte Reinheitsprüfungen, ferner die sich immer gleichbleibenden biochemischen Eigenschaften wie Gelatineverflüssigung, Gallelöslichkeit, Harnstoffspaltung usw. und schließlich die serologischen Reaktionen. Alle Stämme wurden noch von ihren vor 2 Jahren angefertigten homologen Seren agglutiniert.

Spaltung von Disacchariden.

Gleichzeitig mit der Glucosespaltung wurde auch die Spaltung von Maltose, Saccharose und Lactose nachgeprüft. $1^1/_2$ Jahre lang hatten die Alkaligenes-Bacillen in 1—2%igen Lösungen dieser Disaccharide in Peptonwasser nur Alkali gebildet. Es gelang jedoch durch indirekten biochemischen Nachweis, analog dem Versuch zum Nachweis des Glucoseabbaues, bei einigen Stämmen auch eine Säurebildung in Disaccharidlösungen nachzuweisen. Als Nachkultur wurde Shigella ambigua zum Nachweis der Maltosespaltung, Bact. Coli commune zum Nachweis der Saccharosespaltung und Bact. Proteus OX_{19} zum Nachweis der Lactosespaltung verwendet. In zunehmendem Maße wurde dann auch eine Säurebildung ohne Nachkultur direkt in 2%igem Disaccharid-Bromthymolblau-Peptonwasser durch Farbumschlag des Indicators festgestellt. Gas wurde in keinem Falle gebildet.

10 Alkaligenes-Stämme säuerten Maltoselösung und 14 Stämme Saccharoselösung, anfangs nach 3—16 tägiger Bebrütung, später nach 1—3 Tagen. Lactose wurde von 15 Stämmen gespalten, meist jedoch erst nach 13—28 Tage langer Bebrütung.

Ergebnisse der Kohlenhydratspaltung.

Bei der Isolierung bildeten alle Alkaligenes-Stämme in Kohlenhydratlösungen Alkali. Nach $1^1/_2$ Jahren wurden in Zuckerlösungen zum erstenmal p_H-Schwankungen nach der sauren Seite hin festgestellt, und nach 2 Jahren ließ sich bei zahlreichen Stämmen Säurebildung nachweisen. Von 60 Alkaligenes-Stämmen säuerten 40 Stämme Kohlenhydratlösungen, die übrigen 20 bildeten auch nach 2 Jahren niemals eine Spur Säure.

Tabelle 3. *Fermentation von Kohlenhydraten und Äsculin.*

Kohlenhydrate	Säurebildung nach Tagen	Zahl der positiven Stämme
Glucose.	1—19	40
Lactose.	2—29	15
Maltose.	2—10	10
Saccharose	1—16	14
Stärke	3—10	7
Äsculin	3— 5	6

Die 3 Stämme V 21, V 65 und V 83 säuerten sämtliche geprüften Kohlenhydrate. Diese Säurebildung durch die Alkaligenesbacillen kann ich nicht erklären, ich möchte eine *enzymatische Adaptation* infolge der langen Züchtung auf künstlichem Nährboden annehmen.

NYBERG, der ebenfalls eine Säurebildung beobachtete, hielt das Auftreten einer *Mutation* für möglich. Dem widerspricht die Tatsache, daß bei mir die neuen Eigenschaften nicht plötzlich auftraten, sondern erst nach 2jähriger Züchtung allmählich im Laufe eines halben Jahres festgestellt wurden.

10. Zusammenfassung der physiologischen Leistungen.

Untersuchen wir die biochemischen Leistungen der 60 Alkaligenes-Stämme in Bezug auf ihren differentialdiagnostischen Wert, so lassen sich die Stämme in 2 Gruppen einteilen, die sich durch ihre physiologischen Eigenschaften unterscheiden und die mit der morphologischen Gruppeneinteilung der Alkaligenesbacillen in Kurzstäbchen und Schlanke Stäbchen übereinstimmen. Diese beiden Formen zeigen einen Unterschied im Wachstum auf SIMMONS-Agar, ferner in der Bildung von Oxydasen und bei der Reduktion von Ammoniummolybdat. In anderen Fällen ist die Trennung nicht so scharf, jedoch tritt die größere Aktivität der Schlanken Stäbchen deutlich in Erscheinung, so bei der Reduktion von Lackmus, Janusgrün und Nitraten, sowie bei der Bildung von Ammoniak. Im Gegensatz dazu sind zur Fettspaltung vor allem die Kurzstäbchen befähigt.

Für alle 60 Stämme einheitliche Reaktionen sind die Bildung von H_2S und die Reduktion von Neutralrot, Methylenblau, Malachitgrün und Indigocarmin.

Schließlich läßt sich eine Gruppe von Reaktionen aufstellen, die nur von einem Teil der Stämme gegeben wird und bei der keine Bevorzugung einer der beiden morphologisch verschiedenen Gruppen möglich ist, sondern die Eigenschaften erscheinen wahllos verteilt. Hierzu gehört die Reduktion von Kaliumtellurit und die Spaltung von Harnstoff und Hippursäure.

Die Säurebildung aus Kohlenhydraten ist noch ein recht umstrittenes Kapitel. Ein Studium über mehrere Jahre hinaus muß erst die Frage klären, ob nur einige oder alle Alkaligenes-Stämme zu einer solchen enzymatischen Adaptation fähig sind.

Die beiden großen Gruppen Schlanke Stäbchen und Kurzstäbchen lassen sich also auf Grund von morphologischen und biochemischen Eigenschaften voneinander abgrenzen. Jedoch gibt es in beiden Gruppen Stämme mit einer oder mehreren Eigenschaften, die charakteristisch für die andere Gruppe sind, so daß diese Stämme einen allmählichen Übergang von einer zur anderen Gruppe darstellen. Tab. 4 zeigt auf der linken Seite die für die Beurteilung maßgebenden Eigenschaften, wobei die Eigenschaften 1—7 am stärksten zu bewerten sind, die Eigenschaften 8—12 dagegen sind allein niemals für die Einstufung eines Alcaligenes-

Tabelle 4.
Unterscheidung von Kurzstäbchen, Schlanken Stäbchen und Übergangsformen.

Charakteristische Eigenschaften	Typische S	S-Übergangsformen Stamm Nr.:									K-Übergangsformen Stamm Nr.:							Typische K
		252	V 39	V 47	166	59	V 52	310	199	260	116	287	261	263	95	255	269	
1. Gestalt	S	S	S	S	S	Ü	S	S	Ü	Ü	K	K	K	K	Ü	K	K	K
2. Beweglichkeit	+	+	+	+	+	+	+	+	+	+	−	−	−	−	−	−	−	−
3. Häutchenbildung	+	+	+	+	+	+	+	+	+	+	±	−	−	+	−	−	−	−
4. Aussehen der Kolonien	d	d	o	d	d	o	d	d	d	o	d	d	o	d	d	o	o	o
5. Wachstum auf Simmons-Agar	+	+	+				+				+	+						
6. Oxydasen	+	+	+	+	±	−	+	+		±	±							
7. Reduktion von Ammoniummolybdat	+	+	+	+	+	+	+	+	+	+	+							
8. Alkalibildung in Glucoselösung + = rot mit Kresolrotlösung	+ 95%	+	+	+	−	+	+	+	+				+					90%
9. Ammoniakbildung	+	+	+	+	+	+	+	+	+	−	+	+	+	−	+	+		75%
10. Reduktion von Janusgrün	+ 85%	−	+		−	+				+	±	±			±		−	
11. Reduktion von Kaliumnitrat	+ 70%	−		+		+				+	+	+	−				+	75%
12. Reduktion von Lackmus	+ 70%	−	+	+	+	+	+						+				+	75%

Zeichenerklärung: S schlankes Stäbchen; K dickes Kurzstäbchen; Ü Übergangsformen zwischen K und S; d durchsichtig; o opac; ± Reaktion fiel zu verschiedenen Zeiten einmal +, einmal − aus.

Bacteriums als Kurzstäbchen oder Schlankes Stäbchen ausschlaggebend, da sich hier die Grenzen zwischen den beiden Gruppen etwas verwischen. Links in der Tabelle finden sich die typischen Eigenschaften der Schlanken Stäbchen, rechts die der Kurzstäbchen. Von den Außenseiten nach der Mitte zu werden die vom Typus abweichenden Eigenschaften immer zahlreicher, d. h. die Bakterien neigen immer mehr zu der anderen Gruppe hin und schließlich stellen die in der Mitte liegenden Stämme 260 bis 116 typische dazwischenliegende Formen dar. Sollte man bei einem neu isolierten Alkaligenes-Bacillus im Zweifel sein, in welche Gruppe er einzustufen ist, so gelingt dies leicht mit Hilfe der Tab. 4, wenn man nur die Zahl der Eigenschaften 1—7 gegeneinander abwägt.

Zusammenfassung.

Aus Faeces und Flußwasser wurden 60 Alkaligenes-Stämme isoliert. Sie ließen sich morphologisch in die beiden Gruppen der Kurzstäbchen (20 Stämme) und Schlanken Stäbchen (40 Stämme) einteilen.

Die 20 Stämme der Kurzstäbchen zeigten sehr lebhafte Molekularbewegung, waren peritrich bis monotrich begeißelt, trübten Nährbouillon und bildeten auf Agar opake Kolonien. Die 40 Stämme der Schlanken Stäbchen waren lebhaft beweglich und meist polar begeißelt. Sie bildeten in Bouillon ein Häutchen, auf Agar durchsichtige Kolonien.

Diese Gruppeneinteilung ließ sich auch bei Betrachtung der physiologischen Eigenschaften fortsetzen. Die Schlanken Stäbchen zeigten positive, die Kurzstäbchen negative Resultate im Wachstum auf SIMMONS-Agar, in der Bildung von oxydierenden Fermenten und in der Reduktion von Ammoniummolybdat. 70—80% der Schlanken Stäbchen reduzierten außerdem Lackmus, Janusgrün und Nitrate, bildeten Ammoniak aus Pepton und erhöhten daher das p_H beim Wachstum in Glucoselösung, während 75% der Kurzstäbchen Nährlösungen mit diesen Stoffen unverändert ließen. Dagegen wurden Fette von allen Kurzstäbchen, aber nur von 65% der Schlanken Stäbchen angegriffen. Alle Stämme bildeten H_2S und reduzierten Malachitgrün und Indigocarmin. Die VOGES-PROSKAUER-Reaktion war negativ. Zahlreiche Stämme reduzierten Kaliumtellurit, einige spalteten Harnstoff und Hippursäure oder lösten sich in Galle auf. Die Alkohole Glycerin und Mannit wurden nicht angegriffen, dagegen säuerten viele Stämme nach 1—2 Jahren durch enzymatische Adaptation folgende Kohlenhydrate: Stärke, Glucose, Lactose, Maltose und Saccharose. Auch Äsculin wurde von 6 Stämmen gespalten.

Literatur.

ALTSCHÜLER, E.: Münch. med. Wschr. 1904, 868. — AYERS, JOHNSON u. MUDGE: Zbl. Bakter. 101, 126 (1927). — BAERTHLEIN: Arb. ksl. Gesdh.amt 40, 513 (1912). — Berl. klin. Wschr. 49 I, 56 (1912). — Zbl. Bakter. 67, 321 (1913). — BERGEY's Manual of Determinative Bacteriology, Baltimore, 5. Edit. 1939 p. 95 u. 6. Ed. 1948, p. 412. The Williams and Wilkins Company. — BITTER, L., u. M. GUNDEL: Münch. med. Wschr. 1925, 379. — BRAUN, H., u. R. GOLDSCHMIDT: zit. n. E. ABDERHALDEN: Hdb. d. biolog. Arbeitsmethod. Abt. XII, Teil 2, I, 51. Berlin u. Wien 1939. — DOEBERT, A.: Arch. f. Hyg. 52, 70 (1905). — FELSENREICH u. TRAWIŃSKI: Österr. San.-Wesen Nr. 36140. Wien u. Leipzig 1916, zit. von TRAWIŃSKI u. GYÖRGY. — GAETHGENS, WALTER: Arch. f. Hyg. 62, 152 (1907). — HABS, HORST: Bakteriologisches Taschenbuch, 34. Aufl. Leipzig: J. A. Barth 1948. — JANKE, A.: Arbeitsmethoden der Mikrobiologie, 1. Bd. Dresden u. Leipzig: Th. Steinkopff 1946. — KAUFFMANN, F.: Z. f. Hyg. 117, 431 (1936). — KLIMENKO,

W. N.: Zbl. Bakter. **43**, 755 (1907). — KRAUS, ERIK, J., u. E. KLAFTEN: Zbl. Bakter. **80**, 271 (1918). — LEHMANN, K. B., u. R. O. NEUMANN: Bakteriologie, 2. Bd., 7. Aufl., S. 548. München: Lehmanns Verl. 1927. — LINDEMANN, G.: Zbl. Bakter. **115**, 328 (1930). — LOEFFLER, F.: siehe JANKE S. 47. — LOELE, W.: Zbl. Bakter. **111**, 325 (1929). — NYBERG, C.: Zbl. Bakter. **133**, 443 (1935). — PETRUSCHKY, J.: Zbl. Bakter. **6**, 660 (1889); **19**, 187 (1896). — RAHN, O.: Zbl. Zbl. Bakter. II **96**, 273 (1937).—RYTI, E.: Zbl. Bakter. **115**, 177 (1930).—SCHELLMANN, W.: Über Hippursäure vergärende Bakt., Inaug.-Diss. Göttingen 1903. — SIMMON: Zbl. Bakter. **124**, 159 (1932). — STRECKER, J.: Untersuchungen über Bact. Alcalig. L. u. N., Inaug.-Diss. Würzburg 1917. — TAYLOR, C. I.: Indian J. med. Res. **24**, I, 349 (1936/37); zit. n. BARRIT, B.: J. of Path. **42**, II, 441 (1936). — TOPLEY and WILSONS Principles of Bacteriology and Immunity, Vol. I, 902. London 1946. — TRAWIŃSKI, A., u. P. GYÖRGY: Arch. f. Hyg. **87**, 277 (1918). — WILLSTÄTTER u. SCHUDEL, aus BERTHO-GRASSMANN: Biochemisches Praktikum, 73. Berlin u. Leipzig: W. de Gruyter 1936. — WOHLFEIL, T., u. H. WOLLENBERG: Zbl. Bakter. **140**, *281 (1937). — ZIPFEL, H.: Zbl. Bakter. **67**, 572 (1913).

Dr. L. TÜRCK, Frankfurt a. M., Mainkurstr. 2.

Hygienisches Institut der Stadt und Universität Frankfurt a. M.
(Direktor: Prof. Dr. H. SCHLOSSBERGER).

Zur Differenzierung der Bakterien der Alkaligenes-Gruppe.

2. Mitteilung.
Serologie.

Von

LISELOTTE TÜRCK.

(Eingegangen am 28. September 1951.)

A. Herstellung von Alkaligenes-Seren und verwandtschaftliche Beziehungen zu verschiedenen Bakteriengruppen.

Nachdem die biochemischen Untersuchungen eine Trennung der Alkaligenesbakterien in die beiden Gruppen Schlanke Stäbchen und Kurzstäbchen ergeben haben, wäre es aufschlußreich, auch etwas über die serologische Differenzierung der einzelnen Stämme zu erfahren, sie bestimmten Typen zuzuordnen und, wenn möglich, exakte Antigenformeln aufzustellen, wie sie für andere Bakteriengruppen bereits bestehen.

Herstellung der Immunsera.

Von 11 der 60 Alkaligenes-Stämme wurden O + H-Immunseren hergestellt. Es wurden möglichst typische Stämme ohne Spontanagglutination ausgewählt. Die Immunseren wurden folgendermaßen bereitet:

Nach gründlicher Reinheitsprüfung des betreffenden Stammes wurde eine 24stündige Schrägagarkultur mit physiologischer Kochsalzlösung (in folgendem kurz als NaCl-Lösung bezeichnet) bis zur Bouillonkulturdichte abgeschwemmt, 1 Std auf 56° C erhitzt und davon 0,5 cm³ einem Kaninchen in die Ohrvene injiziert. 5 Tage später wurde von der gleicherweise frisch bereiteten Aufschwemmung 1 cm³ eingespritzt, und nach abermals 5 Tagen ging ich dazu über, einen Teil der NaCl-Abschwemmung 2 Std im Dampftopf abzutöten und ana partes mit lebenden Bakterien zu mischen, um eine gute Ausbildung der O- sowohl als auch der H-Antikörper zu erhalten. Von dieser Mischung wurden im Abstand von jeweils 5 Tagen 2mal 1 cm³, 2mal 1,5 cm³ und 2—3mal 2 cm³ injiziert. 5 Tage nach der letzten Einspritzung wurde eine Probepunktion vorgenommen und bei positivem Ausfall das Blut durch Herzpunktion gewonnen, andernfalls wurde noch mehrmals mit 2 cm³ weiter immunisiert. Eine Injektion in kürzeren Zeitabständen von 2—3 Tagen hatte dabei keinen größeren Erfolg. Bei Herstellung des O-Serums 205 und des O + H-Serums 269 wurden, um eine Erhöhung des Titers zu erreichen, mehrmals gleichzeitig 2 cm³ i.v. und 2 cm³ intraperitoneal gespritzt. Die Kaninchen zeigten dabei niemals Krankheitssymptome.

Das gewonnene Blut wurde ¼ Std im Brutschrank und anschließend 2 Std im Kühlschrank aufbewahrt. Dann wurde das Serum durch Zentrifugieren abgetrennt und unter Zusatz von 0,5% Phenol konserviert. Bei Aufbewahrung im Kühlschrank zeigten die Seren auch 2 Jahre nach der Herstellung noch keine wesentliche Abnahme des Titers.

Reaktionen der Immunseren mit Alkaligenes-Stämmen.

Für jedes Immunserum wurden mit dem homologen Stamm folgende 4 Titerbestimmungen durchgeführt:

1. *O+H-Titer mit lebenden Bakterien* (abgekürzt: L). Die Abschwemmung einer 24stündigen Schrägagarkultur mit NaCl-Lösung wurde zu gleichen Teilen mit den Serumverdünnungen 1:50, 100, 200 usw. versetzt und nach $\frac{1}{2}$ und 2 Std Brutschrankaufenthalt abgelesen.

2. *H-Titer mit Formalinbakterien* (abgekürzt: F). Hierzu wurde eine 24stündige Schrägagarkultur mit einer NaCl-Lösung, die 0,3% Formalin DAB 6 enthielt, abgeschwemmt, 24 Std bei 37° C und anschließend im Kühlschrank aufbewahrt und auf Sterilität geprüft. Vor Gebrauch wurde die Formalin-Emulsion jedesmal umgeschüttelt und nach Bedarf verdünnt. Die Ablesung der Agglutination erfolgte nach 2 und endgültig nach 24 Std Brutschrankaufenthalt.

3. *O-Titer mit gekochten Bakterien* (abgekürzt: G). Die Abschwemmung der 24stündigen Schrägagarkultur mit NaCl-Lösung wurde 2 Std im Dampftopf erhitzt und dann als O-Antigen verwendet. Je nach dem Titer wurde als Ausgangsverdünnung 1:20 oder 1:50 gewählt. Die Ablesung der Agglutination erfolgte nach 24 Std Brutschrankaufenthalt.

4. *O-Titer mit Alkohol-Bakterien* (abgekürzt: A). Als Antigen diente eine frische, konzentrierte Bakterienabschwemmung mit NaCl-Lösung, die vorsichtig und unter ständigem Schütteln zu gleichen Teilen mit absolutem Alkohol versetzt wurde. Nach 24stündigem Brutschrankaufenthalt wurde sie in den Kühlschrank gestellt und auf Sterilität geprüft. Vor dem Gebrauch wurde die Alkoholemulsion je nach Bedarf verdünnt und das Ergebnis der Agglutination nach 24 Std Brutschrankaufenthalt abgelesen.

Die O+H- und H-Titer der Seren lagen zwischen 1600 und 25600, die O-Titer bei 200 bis 1600. Die Titer der mit Schlanken Stäbchen bereiteten Sera lagen meist ein wenig höher als die Titer der mit Kurzstäbchen gewonnenen Sera.

Sämtliche 60 Alkaligenes-Stämme wurden nun auf eine Verwandtschaft mit diesen Seren durch Agglutination im Reagensglas und auf dem Objektträger geprüft.

Zur *Objektträgeragglutination* wurde die Serumverdünnung 1:20 gewählt und mit einer 24 Std alten Agarkultur verrieben, die zur Kontrolle auf Spontanagglutination vorher mit einer 3,5%igen NaCl-Lösung geprüft wurde.

Zur *Agglutination im Reagensglas* wurden je 2 Seren in der NaCl-Lösung 1:50 verdünnt und mit 0,5% Phenol konserviert. Zu 0,5 cm³ dieser Serumverdünnungen wurden 0,5 cm³ NaCl-Abschwemmung der frischen, lebenden Agarkultur jedes Stammes gegeben und jeweils die entsprechende Kochsalzkontrolle angesetzt. Der gleiche Versuch wurde auch mit Bakterien, die 2 Std im Dampftopf gekocht waren, durchgeführt. Das Ergebnis wurde nach 24 Std Brutschrankaufenthalt abgelesen.

Die 3 Stämme 116, 166 und V 80 schieden infolge Spontanagglutination aus. Von den übrigen 57 Stämmen wurden durch die 11 verschiedenen Immunseren nur 21 Stämme erfaßt. Die 3 Seren 204, 249 und 259 reagieren nur mit dem homologen Stamm. Die übrigen 8 Sera agglutinierten auch heterologe Stämme, wie aus Tab. 5 ersichtlich ist.

Tabelle 5. *Serologische Einteilung einiger Alkaligenes-Stämme.*

Serolog. Gruppe	Immunsera	Agglutinierende Stämme
1	205	50, 180, 205, 241, 310, V 53
2	V 10, V 52, V 64	V 10, V 52, V 55, V 64, 135, 187
3	V 23	V 22, V 23, 267, 187
4	15, 269, 400	15, 269, 400
5	204	204
6	249	249
7	259	259

Es ergeben sich so 7 serologische Gruppen, die sich aus Schlanken Stäbchen zusammensetzen, bis auf die vierte Gruppe, die 2 Stämme von Kurzstäbchen und einen Stamm von Schlanken Stäbchen umfaßt.

Serologische Beziehungen zu anderen Bakteriengruppen.

Da in der Literatur eine serologische Verwandtschaft von Alkaligenesbacillen mit Bakterien der Typhus-Ruhrgruppe beschrieben wurde, prüfte ich meine sämtlichen Stämme auf dem Objektträger mit folgenden Stämmen:

1. Mit einem polyvalenten T.P.E.-Serum (Kan. Serum 415 Inst. Rob. Koch), 1:30 dil., 2. mit einem polyvalenten Ruhrserum, 3. mit einem Anti-Vi-Serum, 1:20 dil., 4. mit einem O + H-Choleraserum, 1:100 dil., 5. mit einem O-Choleraserum, 1:50 dil.

Es trat in keinem Fall eine Agglutination ein.

In unserem Institut befanden sich einige von FRETER frisch hergestellte *Vibrionenseren*. Sie wurden ebenfalls auf ihre serologische Verwandtschaft mit den Alkaligenes-Stämmen geprüft, da beide Bakteriengruppen sich morphologisch ähnlich sind.

Die 8 Vibrionenseren hatte FRETER mit folgenden Vibrionenstämmen hergestellt:

Art der Vibrionen	Nr. der Stämme und Sera:
Saprophytische deutsche Wasservibrionen	4534, 120, 4460 u. 132
Indische Vibrionen: Aus Stuhl	4535
Saprophytisch	147
El Tor-Vibrionen: Pathogen (Celebes)	7214
Apathogen	1792

Die Seren enthielten alle O+H-Antikörper und wurden durch Immunisieren mit Schrägagarabschwemmungen, die Seren 132, 147 und 1792 mit Bouillonkulturen hergestellt. Alle genannten Vibrionenstämme säuerten Glucose und Saccharose. Die Indolbildung war wechselnd. Die beiden El Tor-Stämme zeigten außerdem Hämolyse.

Je 2 Vibrionenseren wurden mit 0,5%iger Phenol-NaCl-Lösung auf die Endverdünnung 1 : 50 eingestellt (Titer der Seren: 3200—6400). Mit diesen Dilutionen wurden dann die frischen NaCl-Abschwemmungen meiner Alkaligenes-Kulturen in der gleichen Weise wie mit den eigenen Alkaligenes-Seren auf dem Objektträger und im Reagensglas agglutiniert. In den Fällen, in denen eine positive Reaktion eintrat, wurde die Agglutination mit dem betreffenden Serum allein wiederholt und der O+H- und O-Titer (L und G) festgestellt. 4 Vibrionenseren agglutinierten 7 meiner Stämme (Tab. 6).

Die agglutinierten Alkaligenes-Stämme, die bis auf Stamm 17 aus Wasser gezüchtet wurden, waren nur mit saprophytischen Vibrionen verwandt. Die meisten Stämme wurden von den El Tor-Vibrionenseren agglutiniert.

Tabelle 6. *Agglutination der Vibrionenseren mit 7 Alkaligenes-Stämmen.*

Vibrionenseren Titerhöhen			Titerhöhe mit Alkaligenes-Stämmen		
Nr.	O+H (L)	O (G)	Nr.	O+H (L)	O (G)
4460	12800	12800	V 23	80	spontan
			V 53	800	,,
132	51200	12800	17	400	400
			V 47	3200	100
147	6400	12800	V 53	1600	⊖
1792	6400	1600	V 52	⊖	320
			V 53	6400	⊖
			V 65	3200	⊖
			V 83	6400	⊖

Zeichenerklärung: L = lebende Bakterien; G = gekochte Bakterien.

Trotz verschiedener biochemischer Merkmale weisen also die beiden Bakterienarten Antigengemeinschaften auf, die sich meist nur auf die H-Antigene (bei 3 Stämmen bis zum Titer!) erstrecken. Da die H-Antigene bei den Vibrionen unspezifischer als die O-Antigene sind, ist dieser verwandtschaftlichen Beziehung keine große Bedeutung beizumessen. Immerhin zeigen die 3 Alkaligenes-Stämme 17, V 47 und V 52 auch gemeinsame O-Antigene mit Vibrionenstämmen.

B. Aufstellung von Antigenformeln für verschiedene Alkaligenesgruppen

Antigenverwandtschaft der Gruppe 1.

Das Alkaligenes-Serum 205 (O + H-Serum) agglutinierte außer dem homologen Stamm die 5 Alkaligenes-Stämme 50, 180, 241, 310 und V 53, die demnach in einem oder mehreren Antigenen miteinander verwandt sein müssen.

Um die verwandtschaftlichen Beziehungen im *H-Antigen* zu klären, wurden die Titerhöhen des Serums 205 mit den betreffenden Stämmen

Zur Differenzierung der Bakterien der Alkaligenes-Gruppe.

festgestellt (lebende und Formalinbakterien, Tab. 7 und 8). Anschließend wurde das Serum nacheinander mit je einem der Stämme abgesättigt und das absorbierte Serum wieder mit allen Stämmen zur Agglutination angesetzt. Diese Versuche wurden einmal mit lebenden und einmal mit Formalinbakterien durchgeführt (Tab. 7 und 8).

Tabelle 7. *Titerhöhen des Serums 205 vor und nach der Absorption mit lebenden Bakterien der Gruppe 1.*

Leb. Bakt. (L)	Serum 205	Serum 205, absorbiert mit Stamm (L):					
		50	180	205	241	310	V 53
50	25600	—	—	—	—	12800	800
180	12800	—	—	—	—	12800	800
205	51200	51200	51200	—	—	51200	25600
241	51200	51200	51200	—	—	51200	51200
310	51200	51200	51200	—	—	—	3200
V 53	25600	12800	25600	—	—	25600	—

Tabelle 8. *Titerhöhen des Serums 205 vor und nach der Absorption mit Formalin-Bakterien der Gruppe 1.*

Form. Bakt. (F)	Serum 205	Serum 205, absorbiert mit Stamm (F):					
		50	180	205	241	310	V 53
50	12800	—	—	—	—	12800	—
180	12800	—	—	—	—	12800	—
205	51200	25600	51200	—	—	51200	25600
241	12800	25600	12800	—	—	12800	12800
310	51200	51200	25600	—	—	—	3200
V 53	6400	12800	6400	—	—	6400	—

Technik der Agglutininabsättigung.

Die Absorption wurde nach CASTELLANI durchgeführt. Hierzu wurden 8 bis 10 Schrägagarkulturen, die 24 Std alt waren, mit NaCl-Lösung abgeschwemmt und die Bakterien abzentrifugiert. Ein nochmaliges Auswaschen mit NaCl-Lösung war nicht notwendig, da keine Vorzonenhemmung auftrat. Dann wurden 6 cm^3 Serum 205, 1:100 verdünnt, mit den abzentrifugierten Bakterien vermischt und unter öfterem Umschütteln 6 Std in den Brutschrank und über Nacht in den Kühlschrank gestellt. Sollte mit Formalin-Bakterien abgesättigt werden, so wurde, statt mit gewöhnlicher, mit 0,3%iger Formalin-NaCl-Lösung abgeschwemmt und diese Emulsion je 24 Std in den Brutschrank, dann in den Kühlschrank gestellt, auf Sterilität geprüft, abzentrifugiert und nun erst mit dem Serum versetzt. Dann wurde in der gleichen Weise wie oben weiter verfahren. Das abgesättigte Serum wurde sofort mit den lebenden bzw. Formalin-Bakterien wieder in den gewünschten Agglutinationsreihen angesetzt; zuvor kontrollierte ich jedoch durch Agglutination mit dem absorbierenden Stamm, ob die Absättigung auch vollständig war. Jede Austitration des absorbierten Serums wurde durch einen Parallelversuch mit nicht abgesättigtem Immunserum kontrolliert.

Antigenanalyse.

Aus den Tab. 7 und 8 lassen sich die Austitrationen des mit den Stämmen 50 und 180 absorbierten Serums 205 ablesen. Da mit beiden Stämmen keine Agglutination mehr eintritt, können für sie gleiche Antigene angenommen werden. Die übrigen 4 Stämme werden dagegen bis zur Titergrenze agglutiniert, sie müssen demnach mindestens noch ein *Antigen a* mehr besitzen als die Stämme 50 und 180, denn nach der Absättigung des Serums 205 durch die Stämme 50 und 180 blieb noch das entsprechende Agglutinin a übrig, das im absorbierten Serum die Agglutination mit den restlichen 4 Stämmen ermöglichte. In der gleichen Weise ergibt sich nach der Absättigung des Serums mit Stamm 310, daß alle Stämme, außer 310, ein *Restantigen b* mehr besitzen müssen, da sie vom absorbierten Serum bis zur normalen Titerhöhe agglutiniert werden. Serum 205 zeigt selbstverständlich nach Absorption mit dem homologen Stamm 205 keine Reaktionen mit anderen Stämmen mehr, denn sämtliche Antigene sind an die entsprechenden Agglutinine gebunden. Da sich Stamm 241 ebenso verhält, ist ein gleicher Aufbau der H-Antigene für beide Stämme anzunehmen.

Tabelle 9. *Absättigung des Serums 205 mit Stamm V 53.*

Alkaligenes-Serum 205	Agglutination mit den Stämmen:						Restagglutinin anti:
	50	180	205	241	310	V 53	
Immunserum	25600	12800	51200	51200	51200	25600	
Abgesättigt mit V 53 . . .	800	800	25600	51200	3200	—	c_1
Schematisch.	+	+	+++	+++	++	—	

Wie aus Tab. 9 hervorgeht, liefert die Absorption mit Stamm V 53 insofern ein anderes Bild, als die Titerhöhen im abgesättigten Serum nicht mehr die gleichen sind wie im nicht abgesättigten Serum. Doch verhalten sich auch hier die beiden Paare 50 und 180 sowie 205 und 241 gleich. Infolge der verschiedenen Titerhöhen ist anzunehmen, daß die Stämme voneinander abweichende Restantigene enthalten.

Tabelle 10. *Absättigung des Serums 205 mit mehreren Stämmen hintereinander.*

Serum 205, absorbiert mit Stamm:	Agglutination mit Stamm Nr.:						Restagglutinine anti:
	50	180	205	241	310	V 53	
—	+++	+++	+++	+++	+++	+++	$abc_1\ c_2\ c_3$
V 53	+	+	+++	+++	++	—	c_1
50	—	—	+++	+++	+++	+++	a
V 53 + 50	—	—	+++	+++	++	—	c_2
310	+++	+++	+++	+++	—	+++	b
V 53 + 310 + 50 . .	—	—	+++	+++	—	—	c_3
V 53 + 310 + 50 + 241	—	—	—	—	—	—	—

Auf jeden Fall besitzen alle Stämme außer V 53 ein *Antigen* c_1 mehr als Stamm V 53. Um die übrigen Teilagglutinine in dem mit Stamm V 53 abgesättigten Serum 205 festzustellen, ist es notwendig, alle H-Agglutinine nacheinander zu entfernen, was durch Absättigung mit den beiden Kulturen 50 und 310 gelingt (Tab. 10). Es finden sich so noch die beiden *Restagglutinine anti-c_2 und anti-c_3*. Tab. 11 zeigt die erhaltenen Ergebnisse:

In den waagerechten Reihen befinden sich die Antigene, die nach Absättigung des Serums durch den betreffenden Stamm noch mit dem nicht erfaßten Restagglutinin reagieren. In den senkrechten Spalten ergeben sich so die den einzelnen Stämmen zugehörigen H-Antigene. Fassen wir die Stämme mit den gleichen Antigenen zusammen, so erhalten wir die 4 serologischen Typen A, B, C und D.

Tabelle 11. *Verteilung der H-Antigene bei 6 mit Serum 205 agglutinierenden Alkaligenes-Stämmen.*

Absorpt. mit Stamm Nr.	Restagglutinine n. Absorption anti:	H-Antigene der Stämme:					
		50	180	205	241	310	V 53
50	a	—	—	a	a	a	a
310	b	b	b	b	b	—	b
V 53	c_1	c_1	c_1	c_1	c_1	c_1	—
V 53+50	c_2	—	—	c_2	c_2	c_2	—
V 53+310+50	c_3	—	—	c_3	c_3	—	—
Serologische Typen		A		B	C		D

Bei der Absorption des Serums 205 mit Stamm V 53 war aufgefallen, daß nach der Absorption die Stämme 205 und 241 bis zum Endtiter, Stamm 310 wesentlich geringer und die Stämme 50 und 180 noch niedriger agglutiniert wurden (Tab. 8). Diese Tatsache läßt sich vielleicht so erklären, daß die 3 Antigene c_1, c_2 und c_3 in einem engen Verhältnis zueinander stehen, derart, daß die Agglutination nur den Endtiter erreicht, wenn alle 3 vereint vorhanden sind. Liegen dagegen nur 2 dieser Teilantigene vor, wie bei Stamm 310, nämlich c_1 und c_2, so tritt eine entsprechend geringere Höhe der Agglutination ein. Bei den Stämmen 50 und 180 haben wir endlich nur noch das eine Restantigen c_1. Wir können hier also auch nur eine Agglutination mit schwachem Titer erwarten (Tab. 11).

Mit Hilfe der auf diese Weise gefundenen Agglutinine ist es möglich, die empirischen Ergebnisse der Absättigungsversuche im Bereich der H-Antigene zu erklären, wie Tab. 12 zeigt.

Anschließend wurden die Verwandschaftsverhältnisse im *O-Antigen* nachgeprüft. Da die O-Titer des O + H-Serums 205 erheblich gesunken

Tabelle 12. *Antigenverhältnisse bei Agglutination der Stämme der Gruppe 1 durch die absorbierten O+H-Seren 205.*

Serologische Typen	Absorption des Serums 205 mit Stamm Nr.	Agglutinine des Serums 205 nach der Absättigung anti:	H-Antigene der Alkaligenes-Stämme:					
			Typ A		Typ B		Typ C	Typ D
			50 bc_1	180 bc_1	205 abc_1-c_3	241 abc_1-c_3	310 ac_1c_2	V 53 ab
—	nicht abges.	$abc_1c_2c_3$	bc_1	bc_1	abc_1-c_3	abc_1-c_3	ac_1c_2	ab
A	50/180	ac_2c_3	—	—	ac_2c_3	ac_2c_3	ac_2	a
B	205/241	—	—	—	—	—	—	—
C	310	bc_3	b	b	bc_3	bc_3	—	b
D	V 53	$c_1c_2c_3$	c_1	c_1	$c_1c_2c_3$	$c_1c_2c_3$	c_1c_2	—

waren, wurde ein neues, reines Anti-O-Immunserum 205 hergestellt. Einem Kaninchen wurde im Abstand von 3 Tagen in der bereits beschriebenen Weise die 2 Std im Dampftopf gekochte Bakterienaufschwemmung eingespritzt. Trotzdem gegen Ende der Immunisierung mehrmals intravenös und intraperitoneal injiziert wurde, stieg der Titer nicht über 1280. Die Agglutination der verwandten Stämme mit diesem Serum war recht schwach und die Titer waren so niedrig, daß zu den Absorptionen Serumverdünnungen von nur 1:10 verwendet werden durften und dementsprechend auch größere Bakterienmengen benötigt wurden. Durchschnittlich wurden 5 cm³ Serum 205, 1:10 dil., mit der Bakterienmasse von 10—15 Kolleschalen angesetzt. Die Bakterienabschwemmung wurde vor der Absorption 2 Std im Dampftopf gekocht; im übrigen wurde wie bei der Bestimmung der H-Antigene verfahren. Sämtliche O-Absorptionsversuche wurden mit dem O + H und dem O-Serum durchgeführt. Nach der Absorption mit den einzelnen Stämmen, wurden nicht nur die O-Agglutinationen des abgesättigten Serums geprüft, sondern außerdem auch sämtliche O + H- und H-Agglutinationen. Diese zeigten sich jedoch unbeeinflußt von der O-Absorption und die

Tabelle 13. *O-Absorption des Anti-O-Serums 205 mit 6 Alkaligenes-Stämmen (Gekochte Bakterien).*

Tote Bakt. (G)	O-Serum 205	O-Serum 205, absorb. mit Stamm (G):					
		50	180	205	241	310	V 53
50	40	—	40	—	40	40	40
180	40	80	—	—	40	40	40
205	1280	1280	1280	—	640	1280	640
241	40	spontan	spontan	—	—	40	40
310	40	80	80	—	40	—	40
V 53	80	40	20	—	80	80	—
Restagglutin. anti: ..		I	II	—	III	IV	V

Titerhöhen waren die gleichen wie im nicht abgesättigten Serum. Die Ergebnisse der O-Agglutination sind in der Tab. 13 zusammengestellt.

Die abgesättigten O-Seren agglutinieren alle Stämme bis zur Titerhöhe, außer dem zur Absorption verwendeten Stamm. So ergeben sich 5 verschiedene Restagglutinine. Stamm 205 muß die diesen Restagglutininen entsprechenden 5 Antigene vollständig besitzen. Die anderen Stämme können dagegen nur je 4 Antigene haben, die bei der Absorption von Serum 205 gebunden werden. Es bleibt dann im Serum noch das dem fehlenden Antigen homologe Restagglutinin übrig, das die Agglutination der übrigen Stämme hervorruft (Tab. 14).

Während bei den Stämmen 50 und 180 sowie 205 und 241 der Aufbau der H-Antigene identisch ist, zeigt er bei den O-Antigenen Unterschiede. Hier besitzt jeder Stamm verschiedene O-Antigene, von denen jeweils einzelne mit anderen Stämmen gemeinsam sind.

Tabelle 14. *Antigenverhältnisse bei Agglutination der Stämme der Gruppe 1 durch die absorbierten O-Seren 205.*

Stamm	O-Antigene	Anti O-Serum 205, absorbiert mit folgenden Stämmen:					
		50 II III IV V	180 I III IV V	205 I—V	241 I II IV V	310 I II III V	V 53 I II III IV
50	II III IV V	—	II	—	III	IV	V
180	I III IV V	I	—	—	III	IV	V
205	I—V	I	II	—	III	IV	V
241	I II IV V	I	II	—	—	IV	V
310	I II III V	I	II	—	III	—	V
V 53	I II III IV	I	II	—	III	IV	—

Antigenverwandschaft der Gruppe 2.

Es handelt sich hier um die Alkaligenes-Stämme V 52, V 55, V 10, V 64, 135 und 187, die von den Alkaligenes-Seren V 52, V 10, V 64 und von dem Vibrionen-Serum 1792 agglutiniert werden (Tab. 15).

In Tab. 15 fällt auf, daß die Stämme in verschiedenen Seren, vor allem im Vibrionen-Serum, mit gekochten und Alkohol-Bakterien eine O-Agglutination ergeben, nicht aber mit lebenden Bakterien (O + H). Diese Unstimmigkeit beruht vielleicht auf dem Vorhandensein eines thermolabilen Antigens, ähnlich wie es das Vi-Antigen der Salmonella-Gruppe darstellt, das eine entsprechende O-Inagglutinabilität der lebenden Bakterien bedingt. Aus äußeren Gründen war ein eingehendes Studium dieser Frage nicht möglich und muß einer späteren Arbeit vorbehalten bleiben. (Siehe auch Tab. 6: Stamm V 52 und Tab. 21: Stamm 15 und 400).

Um die Antigenverhältnisse der Gruppe 2 genauer kennen zu lernen, wurde Serum V 52 mit Stamm V 55 abgesättigt. Wie sich aus Tab. 16

ergibt, agglutiniert Serum V 52 auch nach der H-Absorption mit Stamm V 55 noch den homologen Stamm bis zur Titergrenze, das Serum muß also außer dem von Stamm V 55 absorbierten Agglutinin noch mindestens ein anderes Agglutinin enthalten. Wird für Stamm V 55 das Antigen

Tabelle 15. *Agglutinationstabelle der Gruppe 2.*

| Stamm Nr. | Art der | | Alkaligenes-Sera | | | Vibrionenserum |
	Agglutinat.	Bakt.-Emuls.	V 52	V 10	V 64	1792
V 52	O+H	L	25600	160	—	—
	H	F	25600	160	—	—
	O	G	400	160	640	320
		A	800	160	640	spontan
V 55	O+H	L	1600	80	—	spontan
	H	F	800	—	—	spontan
	O	G	400	spontan	200	spontan
		A	800	spontan	spontan	spontan
V 10	O+H	L	800	6400	—	spontan
	H	F	40	12800	—	spontan
	O	G	spontan	160	80—640	spontan
		A	80—320	160	spontan	spontan
V 64	O+H	L	160	320	51200	—
	H	F	—	—	25600	—
	O	G	160	320	800	80
		A	160	spontan	640	spontan
135	O+H	L	400	—	400	—
	H	F	200	—	400	—
	O	G	160	—	160	160
		A	3200	—	160	spontan
187	O+H	L	—	320	—	—
	H	F	—	320	—	—
	O	G	160	320	160	—
		A	160	320	160	—

Zeichenerklärung: L = Lebende Bakterien; G = Gekochte Bakterien; F = Formalin-Bakterien; A = Alkohol-Bakterien.

Tabelle 16. *Absättigung des Serums V 52 mit Stamm V 55.*

| Art der | | Serum V 52 Titerhöhe mit: | | Mit V 55 absorb. Serum V 52 Titerhöhe mit: | | Antigene | |
Agglutinat.	Bakt.-Emuls.	V 52	V 55	V 52	V 55	V 52	V 55
H	Leb.	25600	1600	25600	—	d e	e
	Form.	25600	800	25600	—	d e	e
O	Gek.	400	400	—	—	VI	VI
	Alkoh.	800	800	—	—	VI	VI

e angenommen, so muß dementsprechend Stamm V 52 die Antigene d und e besitzen, eine Tatsache, auf die auch schon die verschieden hohen Agglutinationstiter des Serums V 52 mit den beiden Stämmen hinweisen.

Bei der O-Agglutination zeigt dagegen Serum V 52 mit beiden Stämmen gleich hohe Titer. Wird Serum V 52 mit Stamm V 55 abgesättigt, so agglutiniert es danach keinen der beiden Stämme mehr, d. h., Stamm V 55 hat sämtliche O-Agglutinine des Serums V 52 absorbiert, woraus zu schließen ist, daß die beiden Stämme V 52 und V 55 mindestens ein O-Antigen (VI) gemeinsam haben müssen (Tab. 16).

Außerdem wurde noch Serum V 10 mit Stamm V 52 (lebende Bakterien) abgesättigt (Tab. 17).

Tabelle 17. *Absättigung des Serums V 10 mit Stamm V 52 (lebend).*

Bakterien (L)	Serum V 10	Absorb. Ser. V 10
V 10	6400	6400
V 52	160	⊖

Das mit V 52 absorbierte Serum V 10 agglutinierte trotzdem den homologen Stamm V 10 bis zum Titer (6400), es muß also ein Restagglutinin f besitzen, das vom Stamm V 10 erzeugt wurde. Demnach hat Stamm V 10 mindestens ein Antigen f mehr als Stamm V 52. Andere Antigenzusammenhänge lassen sich nun aus der Agglutinationstabelle 15 ablesen und in einem Antigenschema zusammenstellen (Tab. 18).

Tabelle 18. *Antigen- und Agglutinintabelle der Gruppe 2.*
(Die O-Antigene sind durch römische Zahlen, die H-Antigene durch kleine Buchstaben gekennzeichnet.)

Alkaligenes-Stämme		Agglutinine (anti:) der Alkaligenes-Sera			des Vibrionenserums 1792
Nr.	Antigene	V 52 VI VII d e	V 10 VI d f	V 64 VI VII g	VII
V 52	VI VII d e	VI VII d e	VI d	VI VII —	VII —
V 55	VI VII e	VI VII e	VI —	VI VII —	VII —
V 10	VI d f	VI d	VI d f	VI —	— —
V 64	VI VII g	VI VII —	VI —	VI VII g	VII —
135	VII e g	VII e	— —	VII g	VII —
187	VI f	VI —	VI f	VI —	— —

O-Antigene.

Die Absättigung des Serums V 52 mit dem Stamm V 55 hatte bereits ergeben, daß Stamm V 52 und Stamm V 55 das gleiche O-Antigen VI besitzen (Tab. 16). Die Stämme V 10, V 64 und 187 werden ebenfalls von

Serum V 52 agglutiniert (Tab. 15). Sie haben also alle das O-AntigenVI gemeinsam, wie auch umgekehrt die O-Agglutination des Stammes V 52 durch die Seren V 10 und V 64 beweist. Eine Ausnahme macht Stamm 135, der wohl von Serum V 52, nicht aber von Serum V 10 agglutiniert wird und demzufolge auch nicht das O-Antigen VI besitzen kann.

Die beiden Stämme V 10 und V 55 zeigen im *Vibrionen-Serum 1792* Spontanagglutination (Tab. 15), dagegen werden die Stämme V 52, V 64 und 135 körnig agglutiniert. Die Verwandtschaft dieser Stämme mit dem Vibrionenstamm kann nicht auf dem gemeinsamen Antigen VI beruhen, da Stamm 187 ebenfalls das Antigen VI besitzt, mit dem Vibrionenserum aber nicht reagiert. Die Stämme V 52, V 64 und 135 müssen demnach von einem neuen O-Agglutinin anti-VII des Vibrionen-Serums agglutiniert werden.

Auch Stamm V 55 besitzt dieses Antigen VII, da aus der O-Absorption des Serums V 52 mit Stamm V 55 (Tab. 16) hervorgeht, daß die O-Antigene der beiden Stämme identisch sein müssen. Hätte Stamm V 55 nur das Antigen VI, so müßte das mit Stamm V 55 absorbierte Serum V 52 nach der Absorption des Agglutinins anti-VI noch das Agglutinin anti-VII enthalten, d. h., es würde trotz der Absorption den homologen Stamm V 52 agglutinieren. Dies ist aber nicht der Fall.

Obwohl *Stamm V 10* im Vibrionen-Serum spontan agglutiniert, läßt sich aus Tab. 18 ablesen, daß V 10 das Antigen VII nicht enthält, denn Stamm 135 mit dem Antigen VII müßte dann durch Serum V 10 agglutiniert werden. Da diese Agglutination nicht eintritt, muß gefolgert werden, daß Stamm V 10 nur das Antigen VI und Stamm 135 nur das Antigen VII besitzt.

H-Antigene.

Aus der 1. Absorption ergab sich (Tab. 16), daß dem Stamm V 52 die beiden H-Antigene d und e zukommen, dem Stamm V 55 nur das Antigen e. Weiter geht aus Tab. 15 hervor, daß die Stämme V 52 und V 10 ebenfalls gemeinsame Antigene haben müssen. Da aber Serum V 10 mit Stamm V 55 keine H-Agglutination ergibt (Tab. 15), kann Stamm V 10 auch nicht das Antigen e wie V 55 besitzen (Tab. 18). Daraus folgt, daß V 10 mit V 52 nur das Antigen d gemeinsam haben kann. Außerdem besitzt V 10 noch das Antigen f, wie sich aus der 2. Absorption (Tab. 17) ableiten ließ.

Da Stamm V 64 von den Seren V 52 und V 10 nicht flockig agglutiniert wird (Tab. 15 und 18), fehlen ihm die 3 Antigene d, e und f. Damit übereinstimmend tritt auch umgekehrt keine H-Agglutination der Stämme V 52, V 55 und V 10 durch Serum V 64 ein. Da aber Serum V 64 sowohl mit dem homologen Stamm als auch mit Stamm 135 eine H-Agglutination zeigt, müssen wir für diese beiden Stämme noch mindestens ein neues Antigen g annehmen.

Stamm 135 wird außerdem von Serum V 52 agglutiniert, von dessen beiden Agglutininen anti-d und anti-e er aber nur das Agglutinin anti-e zu binden vermag. Könnte er auch das Agglutinin anti-d absättigen, so müßte er auch vom Serum V 10 agglutiniert werden, das dieses Agglutinin ebenfalls besitzt. Dies ist aber nicht der Fall.

Stamm 187 schließlich wird lediglich von Serum V 10 agglutiniert. Von den beiden in Frage kommenden Agglutininen anti-d und anti-f vermag er aber nur anti-f zu binden; anti-d ist auch im Serum V 52 enthalten, das mit dem Stamm 187 nicht reagiert.

Mit dem *Vibrionen-Serum* zeigen die Alkaligenes-Stämme keine H-Agglutination.

Zusammenfassend läßt sich über die Antigenverwandtschaft der 6 Alkaligenes-Stämme der Gruppe 2 sagen, daß sie vor allem auf dem O-Antigen VI beruht, das nur bei dem Stamm 135 fehlt. 4 von 6 Stämmen besitzen außerdem noch das O-Antigen VII, auf dem die Verwandtschaft mit dem Vibrionenstamm 1792 beruht. Dagegen haben die 6 betrachteten Alkaligenes-Stämme 4 verschiedene H-Antigene d, e, f, g, wobei 1 Stamm meist nur 1, höchstens 2 dieser Antigene aufzuweisen hat. Oft beruht die Verwandtschaft nur auf dem Vorhandensein gleicher O-Antigene, während die H-Antigene verschieden sind.

Antigenverwandtschaft der Gruppe 3.

Serum V 23 agglutinierte außer dem homologen Stamm die 3 Stämme V 22, 187 und 267 (Tab. 19).

Tabelle 19. *Titerhöhen des Serums V 23 mit Stämmen der Gruppe 3.*

Stamm Nr.	Art der Bakterien-Aufschwemmung				Antigene	
	Leb.	Form.	Gek.	Alkoh.	O	H
V 22	6400	800	160	160	VIII	h i
V 23	6400	800	160	160	VIII	h i
187	200	160	40	160	VIII	h
267	320	160	spontan	160	VIII	h

H-Antigene.

Da Stamm V 22 genau so hoch wie der zum Serum homologe Stamm V 23 agglutiniert wird, läßt sich auf eine nahe Verwandtschaft der beiden Stämme schließen. Diese ergibt sich auch aus der *Absättigung des Serums V 23 mit Stamm V 22*, die sowohl mit lebenden und toten Bakterien des Stammes V 22 als auch mit Formalin- und Alkohol-Emulsionen von V 22 durchgeführt wurde. Da das absorbierte Serum V 23 in keinem Falle mehr den homologen Stamm V 23 agglutinierte, muß Stamm V 23 die gleichen Antigene wie V 22 enthalten. Dies schließt nicht aus, daß V 22 außerdem andere Antigene besitzt, die von dem heterologen Serum V 23 nicht erfaßt werden. Daß die gemeinsamen H-Antigene der beiden Stämme V 22 und V 23 mindestens 2 sein müssen, geht aus folgenden Untersuchungen hervor:

Serum V 23 agglutiniert die beiden Stämme 187 und 267 mit wesentlich niedrigerem H-Titer als die Stämme V 22 und V 23. Die Stämme 187 und 267 werden demnach nicht alle H-Agglutinine des Serums zu binden vermögen. Diese Annahme konnte durch die Absättigung des Serums V 23 mit Stamm 267 bestätigt worden (Tab. 20).

Tabelle 20. *H-Titer des Serums V 23 mit Stämmen der Gruppe 2 vor und nach der Absorption mit Stamm 267.*

Stamm Nr.	Bakt.-Emuls.	Serum V 23	Mit 267 absorb. Ser. V 23	H-Antigene
V 23	Lebend	2560	640	h i
267	Lebend	320	—	h
187	Lebend	200	—	h
V 23	Formalin	1600	800	h i
267	Formalin	160	—	h
187	Formalin	160	—	h

Das absorbierte Serum V 23 agglutinierte darauf nur noch den homologen Stamm, so daß für diesen ein Antigen mehr als für die beiden anderen Stämme anzunehmen ist. Besitzen die beiden Stämme 187 und 267 das Antigen h, so kämen demnach dem Stamm V 23 die beiden Antigene h und i zu. Wie bereits gezeigt wurde, besitzt Stamm V 22 die gleichen Antigene wie Stamm V 23, also auch die beiden H-Antigene h und i.

O-Antigene.

Wie aus Tab. 19 hervorgeht, ist der O-Titer des Serums V 23 mit sämtlichen Stämmen der Gruppe 3 gleich hoch. So ist anzunehmen, daß diese Stämme mindestens ein O-Antigen VIII gemeinsam haben. Eine Absättigung der O-Agglutinine war infolge des niedrigen Titers von Serum V 23 nicht möglich.

Stamm 187 wurde bereits von Seren der *Gruppe 2* agglutiniert. Es ergaben sich dabei für ihn die Antigene f und VI. Diese können mit den hier für ihn gefundenen Antigenen nicht identisch sein, denn die Seren der Gruppe 2 reagieren nicht mit den Stämmen der Gruppe 3 (V 22, V 23 und 267), die ebenfalls eine Antigenverwandtschaft mit Stamm 187 zeigen. Es können demnach in den beiden serologischen Gruppen 2 und 3 keine gemeinsamen Antigene nachgewiesen werden.

Bei allen Stämmen der Gruppe 3 wurde außerdem eine schwache H-Agglutination (1:40—80) durch das *Vibrionen-Serum 4460* (1:12800) beobachtet. Da alle Stämme des H-Antigen h besitzen, ist anzunehmen,

Zur Differenzierung der Bakterien der Alkaligenes-Gruppe. 345

daß es für diese Mitagglutination verantwortlich ist. Die O-Titer waren infolge Spontanagglutination, mit Ausnahme eines Stammes (1:260), nicht abzulesen.

Zusammenfassend läßt sich sagen, daß alle 4 Stämme ein gemeinsames H-Antigen h und ein gemeinsames O-Antigen VIII besitzen. Außerdem weisen die Stämme V 22 und V 23 noch ein zweites H-Antigen i auf.

Antigenverwandtschaft der Gruppe 4.

Die serologisch verwandten Stämme bestanden bisher immer aus Schlanken Stäbchen. Hier haben dagegen die beiden Kurzstäbchen-Stämme 15 und 269 gemeinsame Antigene mit dem Stamm 400, der aus Schlanken Stäbchen besteht.

Es wurde mit jedem Stamm der Gruppe 4 ein Serum hergestellt und die Titer mit lebenden und durch Kochen, Formalin und Alkohol abgetöteten Bakterien ermittelt (Tab. 21).

Tabelle 21. *Agglutinationstabelle der Gruppe 4.*

Bakterien-Stamm		Alkaligenes-Sera:		
Nr.	Aufschwemmung	15	269	400
15 K	L (O+H)	800	160	—
	F (H)	640	—	—
	G (O)	3200	—	160
	A (O)	1600	—	320
269 K	L (O+H)	25600	102400	400
	F (H)	6400	0-12800	400
	G (O)	—	160	320
	A (O)	—	640	800
400 S	L (O+H)	—	80	6400
	F (H)	—	—	6400
	G (O)	160	80	800
	A (O)	80	320	640

Zeichenerklärung: S = Schlanke Stäbchen; L = Lebende Bakterien; F = Formalin-Bakterien; K = Kurzstäbchen; G = Gekochte Bakterien; A = Alkohol-Bakterien.

O-Antigene.

Aus Tab. 21 ist ersichtlich, daß die beiden Stämme 15 und 269 keine O-Antigene gemeinsam haben, jeder von ihnen wird aber von Serum 400 agglutiniert. Wird für Serum 400 das O-Agglutinin IX angenommen, so folgt aus der Absorption des Serums 269 mit Stamm 400 (gekochte Bakterien, Tab. 22), daß Serum 269 außer dem Agglutinin IX noch ein O-Agglutinin X besitzen muß. Sättigen wir umgekehrt Serum 400 mit Stamm 269 (Alkoholemulsion) ab, so ergibt sich, daß auch Serum 400 außer dem gemeinsamen Agglutinin IX noch ein anderes Agglutinin XI besitzt (Tab. 22).

Tabelle 22. *Absättigung der Seren 269 und 400 durch die Stämme 400 und 269, mit gekochten Bakterien (G) und Alkohol-Bakterien (A).*

Sera	Bakt.-Emuls.	Titer mit Stamm: 269	Titer mit Stamm: 400	Agglutinine gegen folg. O-Antigene 269	Agglutinine gegen folg. O-Antigene 400
269	G	160	80	IX, X	IX
269, absorb. m. St. 400 .	G	160	—	X	—
400	A	800	1280	IX	IX, XI
400, absorb. m. St. 269 .	A	—	1280	—	XI

Da weder Serum 15 Stamm 269, noch Serum 269 Stamm 15 agglutiniert, kann Stamm 15 auch nicht die O-Antigene IX und X von Stamm 269 besitzen. Andererseits wird aber Stamm 15 von Serum 400 körnig agglutiniert, er muß also mit Stamm 400 ein gemeinsames O-Antigen haben. Da Antigen IX aus dem soeben dargelegten Grunde ausscheidet, bleibt als gemeinsames O-Antigen von 15 und 400 nur noch Antigen XI übrig.

H-Antigene.

Serum 269 zeigte mit keiner Formalin-Bakterienaufschwemmung der Gruppe 4 eine Agglutination (Tab. 21). Selbst mit dem homologen Stamm gelang es nicht, eine konstante Titerhöhe festzustellen, da sie von 0 über 200—12800 schwankte. Mit lebenden Bakterien trat entweder eine sehr schwache oder eine körnige Agglutination nach 24 Std oder überhaupt keine Reaktion ein. *Stamm 269* wird dagegen von den beiden heterologen Seren 15 und 400 flockig agglutiniert. Es ist daraus zu schließen, daß Stamm 269 rudimentäre H-Antigene besitzt, die wohl mit homologen Agglutininen zu reagieren und sie zu binden vermögen, die jedoch nicht in der Lage sind, deren Bildung selbst anzuregen, so daß Serum 269 keine voll wirksamen H-Agglutinine enthält.

Da die *Stämme 15 und 400* keine H-Antigen-Gemeinschaft zeigen (Tab. 21), so müssen für sie 2 verschiedene Antigene k und l angenommen werden. *Stamm 269* wurde dagegen von beiden Seren 15 und 400 agglutiniert, so daß er auch mit ihnen die Antigene (k) und (l) gemeinsam haben muß, die in Klammern gesetzt werden, da sie bei ihm nur verkümmert ausgebildet sind.

Aus der Absättigung des Serums 15 mit Stamm 269 (Tab. 23) geht hervor, daß *Serum 15* außer dem Agglutinin k kein anderes H-Agglutinin

Tabelle 23. *Absättigung des Serums 15 mit Stamm 269 (lebend).*

Stamm	Serum 15	Mit 269 absorb. Serum 15	Antigene
15	800	⊖	k
269	12800	⊖	k

mehr besitzt, denn nachdem das Agglutinin k durch lebende Bakterien 269 abgesättigt ist, agglutiniert das Serum auch nicht mehr seinen homologen Stamm. Dagegen muß *Stamm 400*, außer dem mit 269 gemeinsamen Antigen l noch ein anderes H-Antigen m besitzen, denn nach der Absättigung des Serums 400 mit Stamm 269 (Formalin-Bakterien, Tab. 24) agglutiniert das Serum noch seinen homologen Stamm.

Tabelle 24. *Absättigung des Serums 400 mit Stamm 269 (Formalinbakterien).*

Stamm	Serum 400	Mit 269 abs. Serum 400	Antigene
400	800	400	l m
269	400	⊖	l

Die so gefundenen Antigene sind in Tab. 25 zusammengestellt. Während die beiden Stämme 269 und 400 sowohl durch ein gemeinsames H- als auch O-Antigen verbunden sind, hat Stamm 15 mit dem einen nur ein H-Antigen, mit dem anderen nur ein O-Antigen gemeinsam.

Tabelle 25. *Antigen- und Agglutinintabelle der Gruppe 4.*

Stamm Nr.	Antigene der Stämme		Agglutinine der Sera (anti:)		
	Antigene O	H	15 XI k	269 IX, X (k l)	400 IX, XI l m
15	XI	k	XI k	— (k)	XI —
269	IX, X	k l	— k	IX, X (k l)	IX l
400	IX, XI	l m	XI —	IX (l)	IX, XI l m

Zusammenfassend läßt sich über die serologischen Eigenschaften der von mir untersuchten Alkaligenes-Stämme sagen, daß innerhalb der serologischen Gruppen der individuelle Typ durch verschiedene Kombination der vorhandenen Antigene entsteht, wobei im allgemeinen die O-Antigene eine größere Gemeinsamkeit aufweisen als die H-Antigene.

Zusammenfassung.

Durch Immunisierung von Kaninchen wurden 11 Alkaligenes-Seren hergestellt und damit 21 von 57 Alkaligenes-Stämmen erfaßt. 3 Sera agglutinierten nur den homologen Stamm, mit den übrigen wurden 4 serologische Gruppen mit 3 und 4 sowie 2 mit je 6 Stämmen ermittelt. Im ganzen wurden 11 verschiedene O- und 14 verschiedene H-Antigene festgestellt.

Eine Agglutination durch Typhus-, Ruhr- und Cholera-Seren trat nicht ein. 4 Seren von saprophytischen Vibrionen agglutinierten jedoch 7 Alkaligenes-Stämme mit O-Titern bis zu 400 und H-Titern bis zu 6400.

Schlußbetrachtung.

Einteilungsmöglichkeiten der Alkaligenes-Stämme.

Eine Einteilung der Alkaligenes-Bacillen in die beiden Gruppen der Kurzstäbchen und Schlanken Stäbchen, die sich morphologisch und biochemisch voneinander abgrenzen lassen, findet sich auch in der neuesten systematischen Literatur (BERGEY 1948). Die von mir gefundenen Ergebnisse stimmen jedoch nicht vollkommen mit den Angaben in BERGEY's Manual überein.

Die *Kurzstäbchen* (der Gruppe 1 nach NYBERG entsprechend), meist peritrich begeißelt, ähneln dem Alcaligenes metalcaligenes CASTELLANI und CHALMERS nach BERGEY. Allerdings beschreibt er als Wachstumsoptimum 22° C und außerdem Häutchenbildung in Bouillon. Nach meinen Beobachtungen haben die Kurzstäbchen jedoch ihr Optimum bei 37° C und sind durch die *fehlende* Häutchenbildung leicht von den Schlanken Stäbchen zu unterscheiden.

Die *Schlanken Stäbchen* (den Gruppen 2 und 3 nach NYBERG entsprechend) stimmen vollkommen mit dem Alcaligenes faecalis CASTELLANI und CHALMERS nach BERGEY überein. Die in BERGEY's Manual zwischen Alcaligenes faecalis und Alcaligenes metalcaligenes stehende Art Alcaligenes viscosus, die in Milch Klebrigkeit hervorrufen und Kapseln bilden soll, scheint nicht sehr häufig zu sein. Obwohl ich 18 meiner Stämme aus Wasser züchtete, in dem diese Art vorkommen soll, fand ich sie kein einziges Mal.

BERGEY geht nicht näher auf die Frage der Begeißelung ein. Nach meinen Untersuchungen sind die Kurzstäbchen vorwiegend peritrich, die Schlanken Stäbchen polar begeißelt. Eine scharfe Trennung ist jedoch nicht möglich. Während zu der 1. serologischen Gruppe nur lophotrich begeißelte Bakterien gehören, finden sich in den anderen serologischen Gruppen alle Arten der Begeißelung durcheinander. Die Frage der Begeißelung ist also zur Differenzierung der Alkaligenes-Bacillen unwichtig, denn übereinstimmend begeißelte Stämme bilden weder biochemisch noch serologisch eine einheitliche Gruppe.

Die Nitratreduktion wird von BERGEY als variabel bezeichnet. Ich machte die gleiche Beobachtung, wobei deutlich die Tendenz sichtbar wurde, daß die Gruppe der Schlanken Stäbchen Nitrate reduziert (70% positiv), die der Kurzstäbchen aber nicht (75% negativ).

In BERGEY's Manual wird als neue Alkaligenesart Alcaligenes ammoniagenes (COOKE und KEITH) beschrieben, ein unbewegliches, kurzes Stäbchen, das Harnstoff spaltet. Hierzu würden 4 meiner 6 ureasepositiven Stämme gehören, die beiden anderen sind dagegen bewegliche Schlanke Stäbchen. Da sich hierbei Stäbchen beider Gruppen befinden, scheint die Abtrennung dieser Art nicht sinnvoll, denn vor allen Dingen muß die klare Gruppierung in Kurzstäbchen und Schlanke Stäbchen erhalten bleiben, die man dann ihrerseits unterteilen könnte, je nach ihrem Vermögen, Harnstoff oder Hippursäure zu spalten, Tellur zu reduzieren oder sich in Galle aufzulösen.

Bei einem Vergleich der morphologischen und biochemischen Eigenschaften der Alkaligenes-Bacillen mit der serologischen Gruppeneinteilung dieser Bakterien läßt sich keine Analogie feststellen. Die serologischen Gruppen 1—3 bestehen zwar aus Stämmen mit Schlanken Stäbchen, in der 4. Gruppe aber ist ein Stamm von Schlanken Stäbchen (400) mit zwei Kurzstäbchenstämmen (15 und 269) verwandt.

Auch Eigenschaften, die außerhalb der Einteilung Kurzstäbchen — Schlanke Stäbchen stehen, wie Galleloslichkeit, Reduktion von Janusgrün und Kaliumtellurit, sowie die Spaltung von Harnstoff, Hippursäure und Fetten, treten nur vereinzelt innerhalb der serologischen Gruppen auf. Es dürfte ein Zufall sein, daß die Nitrat-Reduktion in den Gruppen 1 und 3 bei sämtlichen Stämmen positiv ist. Die biochemische Gruppeneinteilung fällt also ebensowenig mit der serologischen zusammen wie bei der Salmonella-Gruppe.

Literatur.

BERGEY's Manual of Determinative Bacteriology, 5. Ed. p. 95 u. 6. Ed. 1948, p. 412. Baltimore: The Williams and Wilkins Company 1939. — FRETER, R.: Serologische Untersuchungen an Vibrionen und ihren Fermenten. Inaug.-Diss. Frankfurt a. M. 1950. — NYBERG, C.: Zbl. Bakter. 133, 443 (1935).

Dr. L. TÜRCK, Frankfurt a. M., Mainkurstr. 2.

Für die Überlassung des Themas und eines Arbeitsplatzes im Hygienischen Institut in Frankfurt a. M., sowie für die freundliche Unterstützung bei der Anfertigung der Arbeit sei Herrn Professor Dr. H. Schlossberger herzlichst gedankt.

MIX
Papier aus verantwortungsvollen Quellen
Paper from responsible sources
FSC® C105338

If you have any concerns about our products,
you can contact us on
ProductSafety@springernature.com

In case Publisher is established outside the EU,
the EU authorized representative is:
**Springer Nature Customer Service Center GmbH
Europaplatz 3, 69115 Heidelberg, Germany**

Printed by Libri Plureos GmbH
in Hamburg, Germany